Das bietet Ihnen die CD-ROM

- **Workshop-Unterlagen und Powerpoint-Folien**
  Single- und Multiprojektmanagement, Kennzahlen, Supply Chain Management: Überzeugen Sie Ihre Kollegen und Vorgesetzten mit diesen Präsentationen – führen Sie vor, wie Projekte beschleunigt werden können.

- **Checklisten und Abbildungen aus dem Buch**
  Drucken Sie die Checklisten und Abbildungen als Arbeitsmittel. Sie finden sie sortiert nach den Kapiteln im Buch auf der CD-ROM.

- **Informationen zu Critical-Chain-Softwareanbietern**
  Profitieren Sie von den Erfahrungen der Autoren mit den verschiedenen Softwarelösungen. Sie finden darüber hinaus Adressen und Links zu den einzelnen Anbietern.

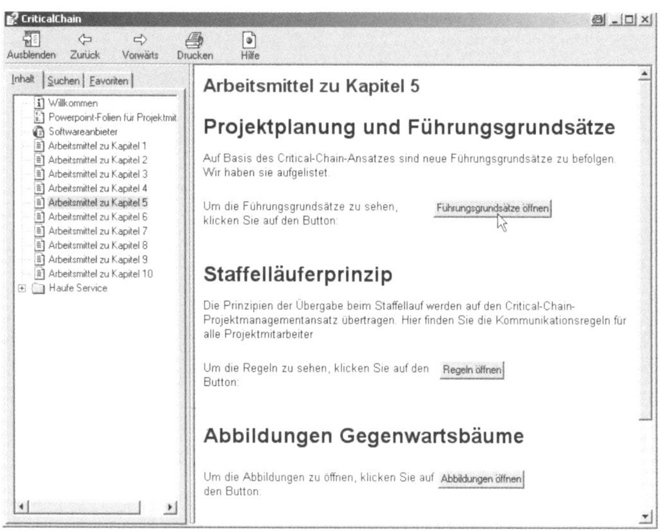

Bibliographische Information Der Deutschen Bibliothek

Die Deutsche Bibliothek verzeichnet diese Publikation in der Deutschen Nationalbibliographie; detaillierte bibliographische Daten sind im Internet über http://dnb.ddb.de abrufbar.

ISBN 978-3-448-07520-5 Bestell-Nr. 00079-0001

1. Auflage 2007

Niederlassung München
Redaktionsanschrift: Postfach, 82142 Planegg
Hausanschrift: Fraunhoferstraße 5, 82152 Planegg
Telefon: (089) 895 17-0,
Telefax: (089) 895 17-290
www.haufe.de
online@haufe.de
Lektorat: Stephan Kilian und Ulrich Leinz

Redaktion und Desktop-Publishing: Agentur Gorus, Engen und Berlin;
Dorothee Köhler, Mannheim

Umschlag: HERRMANNKIELE, Stuttgart
Druck: Bosch-Druck GmbH, 84030 Ergolding

Zur Herstellung dieses Buches wurde alterungsbeständiges Papier verwendet.

Critical Chain

Beschleunigen Sie Ihr Projektmanagement

Uwe Techt / Holger Lörz

Haufe Mediengruppe
Freiburg · Berlin · München · Würzburg

Inhalt

Vorwort

Liebe Leserinnen und Leser,

das „moderne" Projektmanagement bedient sich gerne prägnanter Begriffe, die für Fortschritt und Innovation auf diesem Gebiet stehen. Wir alle haben schon von Methoden wie Just in Time (JIT), dem kontinuierlichen Verbesserungsprozess (KVP), Six Sigma, Stakeholder Management, One Piece Flow und anderen gehört. Allen diesen Begriffen ist gemein, dass sie für Lösungsmöglichkeiten zu bereits bekannten Problemen stehen. Sehr leicht lassen sich mit diesen Werkzeugen nachweisbare Einzelerfolge erzielen. Man unterliegt schnell dem Glauben, dass die korrekte und nachhaltige Anwendung der einzelnen Methoden auch in der Summe immer zum Erfolg führen muss. Diese Annahme ist falsch.

Auch wer alles richtig macht, kann in der Summe dennoch scheitern. Was gut für ein einzelnes Projekt ist, muss noch lange nicht dem gesamten Unternehmen dienen. Und Steuerungs- und Kontrollwerkzeuge, die eigentlich unternehmensweit für einen reibungslosen Ablauf sorgen sollen, können eine ganze Reihe Projekte scheitern lassen.

Die gleichen Erfahrungen und Enttäuschungen hatten meine Kollegen und ich bereits erlebt, und so reihten auch wir das Critical-Chain-Projektmanagement (CCPM) zunächst voreilig in den Kreis der schon dargestellten Werkzeuge ein, die in unseren Augen „Modeerscheinungen" ohne langfristige Wirkung sind.

Unsere Sichtweise änderte sich, als zügig die ersten Erfolge zu verbuchen waren: Projektlaufzeiten konnten um 30 Prozent reduziert werden. Das vorgegebene Budget wurde nicht mehr überschritten. Die Qualität litt nicht unter den rasanten Projektfortschritten. Wie lange würde dieser Zustand der Verbesserung wohl anhalten?

Heute, drei Jahre später, können wir feststellen, dass CCPM für uns mehr als ein kurzfristiges Mittel zum Zweck darstellt. Neben den anhaltend positiven Ergebnissen ist es zu einer weiteren, sehr dauerhaften Veränderung gekommen: Unsere gesamte Unternehmenskultur und das Bewusstsein der Mitarbeiter haben sich verändert. Critical Chain begreifen wir heute als eine gemeinsame Strategie, die uns lehrt, bestehende Annahmen immer wieder systematisch auf ihre Gültigkeit zu überprüfen. CCPM schreibt uns nicht die Lösung vor, sondern zeigt, wie man zunächst das Problem oder einen Engpass isoliert, um dann sinnvolle, zielgerichtete Maßnahmen zu ergreifen.

Gerne würde ich Ihnen an dieser Stelle auch das Schlaraffenland versprechen, in dem dank CCPM kein Projektleiter mehr arbeiten muss und in dem die Projekte von unsichtbarer Hand immer zum Erfolg geführt werden. Anstatt jedoch dieser Utopie nachzutrauern, sollten wir jetzt lieber nach vorne blicken und gemeinsam mit den Autoren die Reise in die realistische Welt von „kritischer Kette" und „Toggotec" antreten.

Dieses Buch wird allen Projektleitern und den Menschen, die in irgendeiner Form an Projekten mitwirken, eine neue Sichtweise auf das Projektmanagement bieten. Besonders wird es aber den Menschen die Augen öffnen, die glauben, schon alles über Projektmanagement zu wissen.

Dipl.-Ing. Burkhard Mätzing

Projektleiter

Transtechnik GmbH & Co. KG

1 Einführung

Projekte verschlingen gigantische Investitionen und leisten teilweise erhebliche Beiträge zum Erfolg von Unternehmen und ganzer Volkswirtschaften. Projektmanagement in seiner klassischen Form wird in der deutschen Wirtschaft beispielsweise bei Produktentwicklungen, Produktionsanläufen, Forschungsarbeiten, Bauprojekten oder Firmenfusionen eingesetzt. Die Klagen der Projektmanager sind bekannt: „Wenn sich nur alle Projektbeteiligten an das halten würden, was in den Projektmanagement-Handbüchern und Checklisten vereinbart wurde – dann könnte pünktlich, qualitätsgerecht und zu den vereinbarten Kosten geliefert werden. Mehr Standards, mehr Disziplin, mehr Konsequenz!“ Die Appelle der Projektleiter zum Einhalten der Standards nützen jedoch wenig

Die Erfolgsbilanz holt uns auf den Boden der Tatsachen zurück: Geschätzte 150 Milliarden Euro gingen der deutschen Wirtschaft in vier Jahren verloren[1], weil die ausgewählten Projekte nicht zur Unternehmensstrategie passen oder ineffizient durchgeführt werden. Offensichtlich stößt das herkömmliche Projektmanagement an seine Grenzen. Projektmanagementmethoden wurden zwar in den letzten 25 Jahren ständig verbessert und ergänzt; was bislang fehlt, ist jedoch eine grundlegende Überarbeitung der jeweiligen Gesamtkonzeption. Dies soll nun nachgeholt werden: Wir zeigen auf, weshalb viele Unternehmen, die Projektmanagement anwenden, ihren Herausforderungen nicht mehr gewachsen sind.

---

[1] Dies besagt eine Studie von Prof. Manfred Grögger, veröffentlicht in der Zeitschrift „Projektmanagement aktuell 2004“. Für diese Studie wurden vier Jahre lang 962 Führungskräfte aus der deutschen Wirtschaft (unter ihnen Führungskräfte aus der Hälfte aller Dax-100-Unternehmen) und Verwaltung befragt.

1.1 Risikofaktoren des Projektmanagements

Ein Blick auf das Projektmanagement vieler Branchen und Unternehmensgrößen zeigt: Projekte werden nicht rechtzeitig fertig, sind teurer als geplant und bringen nicht die Ergebnisse, die sie versprochen haben. Das ist die Regel, leider. Und kein Sonderfall.

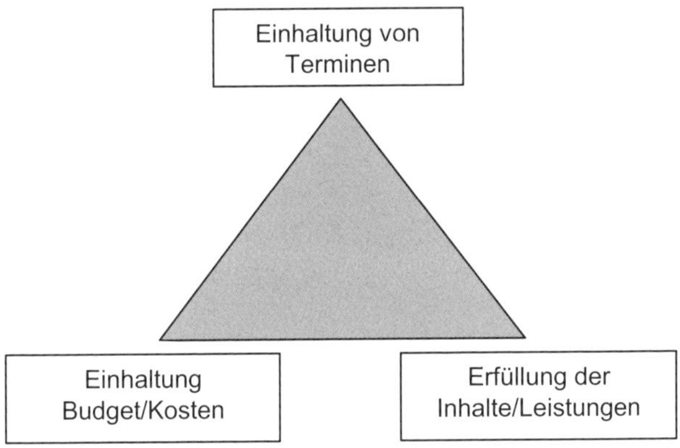

Abbildung 1: Das magische Dreieck

Das „magische Dreieck"

Welche Mechanismen führen zu den Schwierigkeiten?

Seit Jahren spricht man im Projektmanagement vom „magischen Dreieck", innerhalb dessen sich ein Projekt bewegt: Kosten, Termin und Qualität. Diese drei Eckpunkte des Projektes werden jedem angehenden Projektmanager mit auf den Weg gegeben. Wer vom „magischen Dreieck" spricht, erntet unter Kollegen immer ein zustimmendes Kopfnicken. Und doch, welches Projektmanagement kann diesen drei (eigentlichen simplen) Forderungen erfüllen: schnell und pünktlich zum Ziel zu kommen, die vereinbarte Qualität des Projektergebnisses zu erreichen und den Budgetrahmen nicht zu sprengen?

Bei einem oder zwei der Kriterien mag das Projekt punkten: Es bleibt im Budget und liefert ein gutes Ergebnis – doch leider zu spät.

Es kostet nicht mehr als geplant und wird pünktlich beendet – doch leider mit fehlerhaftem Ergebnis. Es liefert pünktlich ein gutes Ergebnis – und kostet mehr als ursprünglich geschätzt. Das „magische Dreieck“ scheint vielen Projektmanagern insofern magisch, als dass man sich mit Projekten hoffnungslos darin verlieren kann. Immer wieder versuchen sie in diesem Projekt eine Balance zu finden, und doch gelingt es ihnen nicht, das Projekt ins Gleichgewicht zu bringen.

Ein Beispiel für Projekte mit Fixtermin: Der Schwimmhalle in Athen, die zur Olympiade 2005 fertig gestellt sein muss, fehlt das Dach. Eine Terminverschiebung ist unmöglich. Das Projekt muss zum Fixtermin abgeschlossen sein, so dass gerade noch die Wettkämpfe durchgeführt werden können. Qualität und Kosten bleiben bei solchen Projekten mit Fixterminen zumeist auf der Strecke.

Automobilhersteller haben massive Probleme mit der Entwicklung neuer Modelle. Das Projektmanagement scheitert daran regelmäßig: Ganze Modellreihen werden mit Elektronikproblemen ausgeliefert. Unter der Hand empfehlen Automobilentwickler, ein Modell der Erstserie nicht mehr zu kaufen, gleich, um welchen Hersteller es sich handelt. Manche Entwickler sprechen sogar von „verkauften Prototypen“ an Endkunden und selbst fahren sie die nachgebesserten Modelle der ausgereiften Serie im zweiten Produktionsjahr.

Sind Projektteams gezwungen, allein nach Maßgabe der Kosten zu planen, müssen sie zumeist Kompromisse in Bezug auf die Qualität machen. Sie versuchen sich mit Kompromissen durchzuhangeln. Am Ende stellen sie fest, dass das Gesamtprojekt scheitert, weil eben das eingesparte genau jenes kleine Puzzleteilchen war, das zum Erfolg fehlte.

Merkwürdig ist nur: Obwohl sich die Projekte im magischen Dreieck verfangen, waren sie doch ursprünglich so geplant, dass Termin, Kosten und Qualität hätten gewährleistet sein müssen. Was ist passiert? Warum konnten die geplanten Vorgaben nicht realisiert werden?

Zunächst die Frage: Ist es überhaupt möglich, alle drei Ziele in Projekten zuverlässig zu erreichen? Oder existiert irgendwo verborgen ein Mechanismus, der dies verhindert? Einen Mechanismus gibt es unserer Ansicht nach nicht, aber sicherlich einige Stolperfallen.

Stolperfallen im Projekt

- Termine für Einzelaufgaben der Projekte werden nicht eingehalten, obgleich die Aufgaben in den Projektplänen exakt mit allen erforderlichen Daten beschrieben und die Mitarbeiter in diese Planung einbezogen worden sind.
- Mitarbeiter oder Betriebsmittel, die im Projektplan fest eingeplant wurden, stehen zum jeweiligen Zeitpunkt nicht bereit – obwohl die Bereitstellung der Ressourcen mit den Abteilungsleitern abgestimmt worden war.
- Projekte durchlaufen eine Vielzahl kostspieliger Änderungen und Arbeitsschleifen – obwohl vor dem Start ausführliche Pflichten- und Lastenhefte erstellt wurden.
- Logische Abhängigkeiten werden nicht erkannt, obwohl detaillierte Projektpläne erstellt wurden, aus denen eindeutig ersichtlich wird, wie die Aufgaben voneinander abhängen. So kommt es, dass eine Zeichnung noch nicht fertig oder das Rohmaterial noch nicht geliefert ist, obwohl der Prototypenbauer schon seine Arbeit beginnen muss.
- Projektphasen, Lieferantenleistungen und Zukaufteile werden teurer als geplant, obwohl zu Beginn eines Projektes genau analysiert und ermittelt wurde, wie viel Arbeitsstunden für eine Aufgabe gebraucht werden und wie viel Geld für die einzelnen Zukaufleistungen bzw. Produkte ausgegeben werden darf.
- Prioritäten wechseln kurzfristig, abhängig davon, wo der Druck in diesem Moment am höchsten ist – obwohl die Zielsetzung von Chef, Kunde und Projektleiter eigentlich gleich, eindeutig und dauerhaft sein sollte. Daraus entsteht dann in vielen Unternehmen Streit über die Wichtigkeit von Aufgaben und Projekten.

Ein naheliegender Ansatz wäre, sich mit diesen Missständen abzufinden, zu argumentieren, dass es einen „naturgegebenen Zielkonflikt“ gibt: „Wir können eben nicht alles gleichzeitig tun. Wir müssen improvisieren und uns arrangieren. Mit den Problemen leben.“

Aber: Wie kommt es zu diesen ganzen Schwierigkeiten? Weshalb führen diese Schwierigkeiten dazu, dass Projekte nicht die Ergebnisse bringen, die von einer Projektmanagementmethode erwartet werden? Was muss nun also verändert werden? So viel schon jetzt: Es sind die historisch gewachsenen Managementmethoden, die lokalen Messkriterien und die zurzeit gültigen Projektmanagementmechanismen, die die Schwierigkeiten im Projektmanagement verursachen und die Projektleiter in Konfliktsituationen bringen.

Critical-Chain-Projektmanagement

Der Begriff Critical-Chain-Projektmanagement wurde erstmals von Dr. Eliyahu M. Goldratt in seinem Roman „Critical Chain“ vorgestellt. Eines der Basiselemente dieses neuen Projektmanagementansatzes, den wir folgend nur noch kurz Critical Chain nennen, stellt die kritische Kette dar. Sie kann mit dem in Fachkreisen geläufigen Begriff „ressourcennivellierter kritischer Pfad“ verglichen werden und ist die längste Folge voneinander abhängiger Aufgaben unter Berücksichtigung der begrenzten Ressourcen. „Ganz oder gar nicht“, heißt die Devise bei der Einführung von Critical Chain, denn wenn nur einzelne Ansätze und Verhaltensweisen verändert werden, kann das dazu führen, dass sich die erhofften Verbesserungen eher kontraproduktiv auswirken.

Dieses Buch hat nicht den Anspruch, einen komplett neuen Projektmanagement-Werkzeugkasten zu liefern, aus dem sich der Leser bedienen kann. Neue Denkweisen und Handlungsempfehlungen, die in ihrer Gesamtheit eine Beschleunigung der Projekte bewirken, stehen im Vordergrund. Dabei nutzen wir eine Vielzahl bestehender und bewährter Projektmanagementstandards, andere stellen wir gänzlich in Frage und stufen sie als ungeeignet ein.

Dieses Buch stellt die Ansätze und Methoden zuerst dar, die die größte Wirkung erzielen. Demnach sind beispielsweise die Probleme und Änderungen des Multiprojektmanagements vor den Lösungsansätzen des Einzelprojektes beschrieben, da im Multiprojektmanagement die größeren Beschleunigungseffekte für das Unternehmen erzielt werden.

Die einzelnen Kapitel beantworten anhand eines Praxisbeispiels die unten aufgezählten Fragestellungen:

- Welche etablierten Regeln und Mechanismen verursachen die Probleme in den Projekten?
- Wo liegt die Kernursache der Probleme?
- Wie sieht eine Lösung aus, die an der jeweiligen Kernursache ansetzt und nicht nur die Symptome behandelt?

1.2 Toggotec GmbH & Co. KG – die „Musterfirma"

Toggotec, ein mittelständisches Familienunternehmen mit 400 Mitarbeitern und einem Umsatz von 110 Millionen Euro entwickelt und produziert Sondermaschinen im Automotive-Bereich. Die Maschinen werden entweder eigenständig oder im Rahmen einer größeren Produktionsanlage beim Kunden eingesetzt.

Toggotec entwickelt und montiert die Sondermaschinen in Zusammenarbeit mit Lieferanten und übernimmt in Einzelfällen als Generalunternehmer die Erstellung einer kompletten Produktionsanlage.

Systemkomponenten, Einzelteile sowie komplette Entwicklungsleistungen werden weltweit zugekauft. Die Kernkompetenz des Unternehmens liegt in der Entwicklung von Steuerungseinheiten, von Soft- und Hardware sowie in der Synchronisation einzelner Sondermaschinen bei größeren Produktionsanlagen.

Critical Chain wurde bereits erfolgreich in vielen Branchen und in unterschiedlichsten Projektarten eingesetzt. Die Ansätze und Methoden werden anhand der Entwicklungsprojekte von Toggotec und dessen Lieferanten so beschrieben, dass diese auf andere Unternehmen übertragen werden können.

Leidensdruck bei Toggotec

Toggotec steht kurz vor der Insolvenz. Die Projekte dauern wesentlich länger als mit den Kunden vereinbart, und die Qualitätsanforderungen reichen in vielen Projekten nicht aus. Die daraus resultierenden Nacharbeiten führen zu höheren Kosten und die Geldeingänge erfolgen später als geplant.

Toggotec hat kaum noch lukrative Anfragen von Großkunden, obwohl die Produkte der Konkurrenten bei Weitem nicht das Knowhow der Steuerungssysteme von Toggotec bieten. Innerhalb der letzten vier Jahre sind die Marktpreise für die Entwicklung von Sondermaschinen um 25 Prozent gefallen. Auf Basis der gängigen Kalkulation sind kaum noch Projekte mit positivem Deckungsbeitrag durchführbar.

Welche Mechanismen führen zu den Schwierigkeiten?

Häufige Kundenreklamationen bei abgeschlossenen Projekten zwingen die Entwickler mit erheblichem Aufwand zur Nacharbeit. Diese Störungen behindern stark den Fortschritt der laufenden Projekte. Die Innovationskraft von Toggotec erlahmt, wodurch der Abstand zu den Mitbewerbern geringer wird. Teilweise müssen auch erhebliche Vertragsstrafen gezahlt werden, da die mangelnde Qualität der gelieferten Maschinen in manchen Fällen zu Produktionsstillständen bei Großkunden führte.

Die Mitarbeiter der Entwicklungsabteilung werden durch die Reklamationen und den damit verbundenen Druck der Führungskräfte so verunsichert, dass sie sich mehr und mehr absichern. Es entsteht ein ausgeprägter Perfektionismus in Technikfragen. Dabei spielt die Termineinhaltung nur noch eine untergeordnete Rolle. Vielmehr ist es jedem einzelnen Entwickler wichtig, dass ihm möglichst wenig Reklamationen zugeordnet werden können.

Folgende – erfolglose – Versuche wurden bereits unternommen, um die prekäre Situation zu verbessern:

Innerhalb der Projekte wurde für jede einzelne Aufgabe die Termintreue gemessen. Daraus wurde dann für das Einzelprojekt eine Kennzahl abgeleitet, mit der die Projektleiter gemessen wurden. „Wie viel Prozent der Termine im Projekt sind eingehalten worden?“, war die Frage. Man konnte anhand dieser Kennzahl auch feststellen, welche Mitarbeiter regelmäßig ihre Termine überschritten hatten – der Druck auf diese Mitarbeiter wurde dann noch erhöht, was aber einen gegenteiligen Effekt für die Projekte hatte. Die Demotivation der Mitarbeiter stieg an.

Projektpläne wurden immer mehr verfeinert und akribisch verfolgt, was zusätzlichen Aufwand bedeutete. Die einzelnen Entwickler wurden nicht nur an ihrer Primärkennzahl „Fehlerfreie Entwicklung“, sondern auch an der Termineinhaltung gemessen. Auf diese hatten sie jedoch wenig Einfluss, denn zumeist warteten sie auf Zukaufteile oder andere Entwicklungsleistungen.

Es wurden Produktivitätskennzahlen für die an dem Projekt beteiligten Bereiche eingeführt. Wöchentliche Statusberichte aller Projektleiter an die Geschäftsleitung und ein wöchentliches Abstimmungsmeeting zwischen allen Projekt- und Abteilungsleitern wurden eingerichtet. Doch all die aufwändigen Meetings brachten nicht den erhofften Erfolg.

Vor allem in den Statusbesprechungen war die Wirkungslosigkeit dieser Maßnahmen spürbar. Da fast alle Projekte in zeitlichem Verzug waren, wurden die begehrten Mitarbeiter und Ressourcen hin und her geschoben. Wer am lautesten schrie, bekam den Zuschlag vom Chef persönlich. Ausufernde Technikdiskussionen und Schuldzuweisungen bei Qualitätsproblemen trugen dazu bei, dass sich die Zusammenarbeit wesentlich verschlechterte. Jeder verteidigte nur noch seine Kennzahl.

Paradoxerweise wurden in dieser gefährlichen Liquiditätssituation trotzdem viele Teilaufträge an externe Dienstleister vergeben, denn die Mitarbeiter waren stets überlastet. Gute Lieferanten, die teilweise erst sehr spät bezahlt werden konnten, waren bald nicht mehr bereit, geforderte Änderungen der Kunden mitzutragen.

Insbesondere die Elektronikentwickler waren extrem überlastet und hochgradig frustriert. Der Chefentwickler wechselte deshalb bereits zum Mitbewerber. Die Banken wurden aufgrund der Liquiditätssituation nervös und forderten ein Sanierungskonzept. Die von der

Familie eingesetzte Geschäftsleitung wurde ausgewechselt. Der neue Geschäftsführer kam aus einem amerikanischen Großunternehmen, das bereits Critical Chain eingeführt hatte. Er schlug das Konzept mit den entsprechenden Finanzierungsdetails den Banken und Großkunden vor. Er überzeugte, seine Vorschläge wurden angenommen. An diesem Punkt steht Toggotec nun.

1.3 Die Kapitel im Überblick: Toggotecs Weg zum Erfolg

Um das Konzept intern umzusetzen, erhält die zweite Führungsebene von Toggotec einen Crashkurs in der Methodik von Critical Chain. Anschließend wird in einem dreitägigen Strategieworkshop ein gemeinsames Ziel festgelegt: „In sieben Monaten werden wir unsere Entwicklungsprojekte insgesamt um 35 Prozent beschleunigen, bei nahezu hundertprozentiger Zuverlässigkeit und einer Umsatzrendite von zehn Prozent."

Abgeleitet aus dem obigen Leitsatz werden dann die notwendigen Veränderungen eruiert und in eine Reihenfolge gebracht. Die Maßnahme mit dem größten Effekt wird auch als erstes realisiert.

Welches Projekt lohnt sich?

Kapitel 2

Der größte Effekt wird erzielt, indem diejenigen Projekte aussortiert werden, die nicht das gemeinsam gesteckte Ziel unterstützen. Vielen ist klar, dass viel zu viele Projekte in der Pipeline sind und dass für die Auswahl der Projekte klare Kriterien benötigt werden. Der ständige Streit darüber, welche Projekte bevorzugt und welche zurückgestellt werden müssen, wird dann der Vergangenheit angehören.

Wenn sich Projekte im Weg stehen

Kapitel 3

Der größte Hebel für eine nachhaltige Verbesserung entsteht in der Umorganisation der Multiprojektumgebung. Projekte, die nicht eindeutig priorisiert sind, behindern sich gegenseitig. Bislang müssen die Projektleiter um die benötigten Mitarbeiter und Betriebsmittel kämpfen, die dann in anderen, ebenso wichtigen Projekten fehlen. Mitarbeiter und Maschinen werden ständig in ihrer Arbeit unterbrochen. Wenn zukünftig eindeutige Projektprioritäten festgelegt und eingehalten werden, wird dieser Streit nicht mehr nötig sein.

Ergebnisorientierte Projektplanung

Kapitel 4 Niemand bei Toggotec nimmt die Projektpläne noch ernst. Sie gelten als realitätsfern, denn die einzelnen Projekte laufen nie so wie sie geplant wurden. Dies führt dazu, dass die Projektleiter kaum noch Zeit in die Erstellung der Projektpläne investieren. Mitarbeiter sind nicht mehr bereit, bei der Planung mitzuwirken. Daher wird es eine wichtige Aufgabe sein, den Projektplänen wieder den Stellenwert einzuräumen, den sie benötigen. Denn Projektpläne sind die Basis und das Rückgrat der durchzuführenden Projekte.

Das Critical-Chain-Projekt

Kapitel 5 Aus der Erfahrung einiger Eilprojekte wissen die Führungskräfte, dass die Möglichkeit besteht, komplexe Sondermaschinen in einem Drittel der sonst üblichen Zeit zu entwickeln. Dies ist der Grund, warum sie sich entschieden haben, die Eilprojekte genau zu untersuchen. Es gilt herauszufinden, ob es möglich sein kann, die Geschwindigkeit der Eilprojekte als Standard auf alle Projekte zu übertragen.

Projekte sinnvoll steuern mit neuen Kennzahlen

Kapitel 6 Um das Vertrauen der Großkunden wieder zu gewinnen, benötigt Toggotec ein Steuerungs- und Berichtssystem, das zu jeder Zeit Auskunft über den Status der Projekte gibt. Bislang haben die Projektleiter nur vergangenheitsbezogene Kennzahlen, die keine zuverlässige Aussage über die zukünftige Entwicklung des Projektes ermöglichten. Die Herausforderung besteht also darin, Kennzahlen zu entwickeln, mit denen Projekte wesentlich besser gesteuert werden können.

Critical Supply Chain – unternehmensübergreifende Partnerschaft

Kapitel 7 Ein wesentlicher Erfolgsfaktor für die Umsetzung des neuen Critical-Chain-Ansatzes besteht darin, wie effektiv Toggotec seine Lieferanten in die Projekte einzubinden vermag. Gerade bei Großprojekten wird es entscheidend sein, dass Toggotec nicht von seinen Lieferanten im Stich gelassen wird. Für eine echte Partnerschaft zwischen Lieferanten und Kunden im Projekt werden daher dringend neue Mechanismen und Anreizsysteme benötigt.

„Unwiderstehliche" Projektangebote entwickeln

Toggotec muss für seine Kunden ein Angebot entwickeln, das zukünftig lukrative Anfragen generiert. Bisher wird Toggotec nur angefragt, wenn es um besonders anspruchsvolle Projekte geht, bei denen der Termin eine untergeordnete Rolle spielt. Zukünftig sind neue Alleinstellungsmerkmale erforderlich, um sich vom Markt abzuheben. Schnelligkeit und 100 Prozent Zuverlässigkeit werden die Hauptbausteine des neu zu entwickelnden Geschäftsmodells sein. Dies wird gekoppelt mit anderen Lösungsbausteinen, um in einer noch nie da gewesenen Art die Probleme der Kunden zu lösen. Kapitel 8

Mitwirkung für Critical Chain erzeugen – ein Paradigmenwechsel

Da Toggotec bisher oft die Erfahrung gemacht hat, dass groß angekündigte Veränderungen schnell im Sande verlaufen, bedarf es neuer Ansätze für die Implementierung des Critical Chain. Diese müssen sicherstellen, dass alle Führungskräfte den Sinn und Zweck von Critical Chain verstehen. Damit bei der Implementierung alle Mitarbeiter hundertprozentig mitwirken, müssen sechs Schichten des Widerstands überwunden werden. Kapitel 9

In den folgenden Kapiteln stellen wir dar, wie die Führungskräfte von Toggotec die notwendigen Veränderungen erarbeitet und umgesetzt haben.

2 Welches Projekt lohnt sich?

Am Anfang jeder Veränderung steht die Bestandsaufnahme. Um sich einen Überblick zu verschaffen, will der neue Geschäftsführer von Toggotec die Liste aller Projekte einsehen. Eine solche Liste existiert jedoch nicht. Daraufhin wird eine E-Mail an alle Mitarbeiter geschickt, die mit Projekten zu tun haben: Sie werden gefragt, an welchen Projekten sie beteiligt sind. Auf Basis der Antworten wird dann eine Projektliste erstellt, die 270 Einträge hat. Viele der in der Liste stehenden Projekte sind nur Teilprojekte oder Tagesaufgaben, die sofort wieder aus der Liste gestrichen werden konnten. 150 Projekte jeglicher Größenordnung bleiben schließlich übrig. Anschließend geht der Geschäftsführer mit den verantwortlichen Projektleitern in Klausur.

2.1 Prioritäten setzen

Nun gilt es die Kriterien zu definieren, nach denen die Projekte ausgewählt und priorisiert werden sollen. Es ist allen Beteiligten klar, dass eine große Anzahl Projekte gestrichen oder zumindest zurückgestellt werden muss. Die Zielsetzungen des neuen Geschäftsführers sind eindeutig und konkret: „Mit den zukünftigen Entwicklungsprojekten, die konform mit unserer Geschäftsstrategie sein werden, erwirtschaften wir Gewinne!"

Welche Mechanismen führen zu den Schwierigkeiten?

Erstaunlicherweise kann jeder Projektleiter glaubhaft versichern, dass mit seinem Projekt Geld erwirtschaftet bzw. Kosten gesenkt werden. Daher muss genau betrachtet werden, wie die Wirtschaftlichkeit von Projekten zukünftig berechnet werden soll. Bisher wurde die Wirtschaftlichkeitsbetrachtung bei Toggotec folgendermaßen durchgeführt:

Projektkostenrechnung bei Toggotec

Ein Ausschnitt des Toggotec-Systems besteht aus fünf produktiven Mitarbeitern (MA A bis E), die jeweils 220 Tage im Jahr, acht Stunden pro Tag zur Verfügung stehen. Die Zahl der Mitarbeiter kann nicht erweitert werden. Die Betriebskosten des Unternehmens (ohne Materialkosten) belaufen sich auf 950.000 Euro im Jahr und sind der Einfachheit halber als Fixkosten zu betrachten.

Für das nächste Jahr hat Toggotec die folgenden sieben Projekte P1 bis P7 zur Auswahl. Es kann frei entscheiden, welche Projekte es abwickelt und welche nicht. Die Ablehnung eines Auftrages hat keine negativen Auswirkungen auf Folgeprojekte.

Für jedes Projekt sind folgende Informationen bekannt:

- der Umsatz, der mit dem Projekt erzielt wird,
- die geschätzte Bearbeitungszeit der Mitarbeiter im Projekt,
- die für das Projekt anfallenden Material- und Zukaufkosten.

Projekt	P1	P2	P3	P4	P5	P6	P7
Projektumsatz in T €	300	500	450	400	500	450	500
Tage MA A	30	40	30	30	30	40	45
Tage MA B	50	45	55	55	60	45	55
Tage MA C	30	30	30	50	30	40	35
Tage MA D	20	45	30	50	20	30	48
Tage MA E	5	60	0	0	20	70	90
Materialkosten in T €	100	275	230	125	260	225	225

Tabelle 1: Umsatz, Materialkosten und Aufwandstage

Nun wird geprüft, ob das System überhaupt die Kapazitäten vorweisen kann, um alle Projekte zu realisieren.

Die folgende Tabelle zeigt, dass bei 220 verfügbaren Tagen pro Mitarbeiter alle überlastet sind. Insbesondere der Mitarbeiter B, der 365 Tage arbeiten müsste, wird in den Projekten sehr stark beansprucht.

Projekt	P1	P2	P3	P4	P5	P6	P7	Tage pro Jahr
MA A	30	40	30	30	30	40	45	245
MA B	50	45	55	55	60	45	55	365
MA C	30	30	30	50	30	40	35	245
MA D	20	45	30	50	20	30	48	243
MA E	5	60	0	0	20	70	90	245

Tabelle 2: Der Engpass – Mitarbeiter B

Wo liegt die Kernursache?

Toggotec muss nun folglich entscheiden, welche der sieben Projekte angenommen und welche abgelehnt werden. Bereits hier sei erwähnt, dass sich nicht jede Rechenmethode für die Projektauswahl eignet. Ein Umdenkprozess wird notwendig sein, damit Unternehmen nicht dazu verleitet werden, falsche Entscheidungen zu treffen. Um deutlich zu machen, welch fatale Folgen falsche Auswahlmethoden haben können, wird die damalige Methode von Toggotec erläutert. Die in den folgenden Absätzen dargestellte Methode hat auch in vielen anderen Unternehmen ihre Verbreitung gefunden. Leider!

Die klassische Projektkostenrechnung stellt sich wie folgt dar: Projektumsatz minus Projektkosten ergibt das Projektergebnis (vgl. Tabelle 4). Die Projektkosten addieren sich dabei aus dem Geld, das direkt an Dritte bezahlt wird (z. B. für Material), und den Arbeitskosten der Mitarbeiter. Da Mitarbeiter wie auch Betriebsmittel unterschiedlich stark in den Projekten zum Einsatz kommen, werden diese auf die Projekte umgerechnet:

Die Kosten des gesamten Systems inkl. aller Ressourcen zusammen betragen 950.000 Euro. Jeder Mitarbeiter arbeitet 220 Tage. Es gibt in diesem Unternehmen insgesamt fünf Mitarbeiter, die in den Projekten eingesetzt werden, also wird an 1.100 Tagen gearbeitet. Der Kostensatz pro Tag und Mitarbeiter beträgt also 950.000 Euro geteilt durch 1.100 Tage = 863,64 Euro pro Tag.

Die Arbeitskosten der sieben Projekte betragen demnach:

Projekt	P1	P2	P3	P4	P5	P6	P7
Tage MA A	30	40	30	30	30	40	45
Tage MA B	50	45	55	55	60	45	55
Tage MA C	30	30	30	50	30	40	35
Tage MA D	20	45	30	50	20	30	48
Tage MA E	5	60	0	0	20	70	90
Summe	135	220	145	185	160	225	273
Kosten/Tag	864	864	864	864	864	864	864
Arbeitskosten	116.591	190.001	125.228	159.773	138.182	194.319	235.774

Tabelle 3: Berechnung der Arbeitskosten

Daraus ergeben sich folgende Projektergebnisse:

Projekt	P1	P2	P3	P4	P5	P6	P7
Projektumsatz in T €	300	500	450	400	500	450	500
(-) Materialkosten in T €	100	275	230	125	260	225	225
(-) Arbeitskosten in T €	117	190	125	160	138	194	236
= Projektergebnis in T €	83	35	95	115	102	31	39

Tabelle 4: Berechnung des Projektergebnisses

Die nach dieser Rechnung lukrativsten Projekte sind also P4 mit 115.000 Euro, P5 mit 102.000 Euro, P3 mit 95.000 Euro und P1 mit 83.000 Euro Projektergebnis.

Projekt	Projektergebnis in T €	Tage MA B	Tage MA B gesamt
P4	115	55	55
P5	102	60	115
P3	95	55	170
P1	83	50	**220**
Summe	395		

Tabelle 5: Auswahl der angeblich lukrativsten Projekte

Damit wird der Mitarbeiter B, der in allen vier Projekten mitwirkt, mit 220 Tagen bereits vollständig ausgelastet. Mit anderen Worten: B kann in keinem weiteren Projekt mehr eingesetzt werden. Das heißt alle anderen Projekte können nicht durchgeführt werden.

Laut der obigen Projektkostendefinition hätte das Unternehmen 395.000 Euro verdient. Wie bereits angedeutet, stimmt dieses Ergebnis leider nicht; das zeigt die folgende Gegenrechnung in Tabelle sechs:

	P1	P3	P4	P5	Summe
Projektumsatz in T €	300	450	400	500	1.650
(-) Materialkosten in T €	100	230	125	260	715
= Deckungsbeitrag in T €	200	220	275	240	935
(-) Betriebskosten in T €					950
= Ergebnis in T €					**-15**

Tabelle 6: Kontrollrechnung der angeblich lukrativsten Projekte

Die Kontrollberechnung führt zu einem Ergebnis von -15.000 Euro. Toggotec hat mit unbegrenzten Ressourcen gerechnet. Die Diskrepanz von 395.000 Euro Gewinn zu 15.000 Euro Verlust rührt daher, dass der Mitarbeiter B den Engpass der Organisation darstellt. Dies wurde bei der Auswahl nicht berücksichtigt.

Eine andere und – wir nehmen es gleich vorweg – ebenso falsche Berechnungsmethode, wäre den Deckungsbeitrag pro Arbeitstag zu errechnen und dadurch zu ermitteln, welche Projekte rentabel sind und welche nicht.

Projektanfrage	P1	P2	P3	P4	P5	P6	P7
Projektumsatz in T €	300	500	450	400	500	450	500
(-) Materialkosten in T €	100	275	230	125	260	225	225
= Deckungsbeitrag in T €	200	225	220	275	240	225	275
Ressourcenverbrauch in Tagen	135	220	145	185	160	225	273
€ pro Tag	1.481	1.023	1.517	1.486	1.500	1.000	1.007

Tabelle 7: Deckungsbeitrag pro Arbeitstag

Projekt	€ pro Tag	Ress. MA B (Tage)	Tage B gesamt
P3	1.517	55	
P5	1.500	60	115
P4	1.486	55	170
P1	1.481	50	220

Tabelle 8: Auswahl der angeblich lukrativsten Projekte

Die Rechnung würde dieselben Projekte auswählen, nur in einer anderen Reihenfolge. Der Fehler, der gemacht wurde, liegt ebenso in der Betrachtung, dass die Ressourcen unbegrenzt zur Verfügung stehen.

Nach diesen Beispielrechnungen ist den Projektleitern und Führungskräften von Toggotec klar, dass neue Kriterien für die Auswahl von Projekten dringend benötigt werden. Die klassische Projektkosten- und die Deckungsbeitragsrechnung können teilweise zu Fehlentscheidungen führen – das haben die Beispiele deutlich gezeigt. Aber welche Berechnungsmethode eignet sich dann für die Auswahl von Projekten?

2.2 Abschied von der Projektkostenrechnung

So sieht die Lösung aus!

Offensichtlich wird die Fähigkeit des Unternehmens durch die Kapazität der Engpassressource begrenzt. Im Beispiel von Toggotec war dies der Mitarbeiter B. Also muss die Projektauswahl so getroffen werden, dass die begrenzte Kapazität von Mitarbeiter B bestmöglich ausgenutzt wird.

Für die nachführende Erläuterung führen wir den Begriff Durchsatz ein, der wie folgt definiert wird:

Durchsatz (D) = Umsatz – Total Variable Kosten

„Total Variable Kosten (TVK)" sind Beträge, die vom Unternehmen an Dritte für Produkte bzw. Leistungen bezahlt und direkt in die verkauften Produkte bzw. Dienstleistungen integriert werden. Das sind z. B. Rohmaterial, Zukaufteile, Fremdleistungen oder Provisionen.

Aus den Erkenntnissen des Toggotec-Beispiels folgt, dass die Rechenmethode für die Auswahl von Projekten die begrenzten Ressourcen berücksichtigen muss. Wird dies berücksichtigt, entsteht eine veränderte Wirtschaftlichkeitsbetrachtung: Der Fokus wird auf das Verhältnis des Durchsatzes zu den Engpasstagen des Mitarbeiters B gesetzt. Es ist also entscheidend, dass der Mitarbeiter B optimal eingesetzt wird, denn er bestimmt, wie viele Projekte bei Toggotec abgewickelt werden können. Ein Projekt, das beispielsweise Mitarbeiter B gar nicht benötigt, könnte ohne weiteres zusätzlich durchgeführt werden. Es würde mehr Durchsatz für Toggotec realisiert – mit der gleichen Anzahl der Mitarbeiter.

Das heißt: Für die Auswahl der Projekte eignet sich diese einfache Formel:

Durchsatz : Engpasseinheit

Je besser das Verhältnis von Durchsatz zu Engpasseinheit, desto besser wird die Wirkung des Projektes auf die Profitabilität des Unternehmens sein.

Für das Toggotec-Beispiel bedeutet das:

1. Zunächst wird der Engpass ermittelt: Mitarbeiter B (Vgl. Tab. 2)
2. Danach wird für jede Projektanfrage der Durchsatz berechnet

Projektanfrage	P1	P2	P3	P4	P5	P6	P7
Projektumsatz in T €	300	500	450	400	500	450	500
- TVK (hier nur Materialkosten) in T €	100	275	230	125	260	225	225
= Durchsatz in T €	200	225	220	275	240	225	225

Tabelle 9: Die Durchsatzrechnung der Projekte

3. Der Engpassverbrauch wurde bereits in Tabelle 3 hergeleitet und wir können die Formel Durchsatz/Engpasseinheit (im Toggotec-Beispiel Engpasstage) für jedes Projekt errechnen:

Projektanfrage	P1	P2	P3	P4	P5	P6	P7
= Durchsatz in T €	200	225	220	275	240	225	225
Engpassverbrauch in Tagen	50	45	55	55	60	45	55
= Durchsatz pro Engpasstage	4.000	5.000	4.000	5.000	4.000	5.000	5.000

Tabelle 10: Durchsatz pro Engpasseinheit

Nun wird sofort ersichtlich, dass die Projektanfragen P2, P4, P6 und P7 um 1.000 Euro pro Engpasstag lukrativer sind als die anderen Projekte. Das Ergebnis lässt sich nun einfach berechnen:

Projekt	Engpass-verbrauch	Durchsatz € / Engpasstag	Projektdurch-satz in €
P2	45 Tage	5.000	225.000
P4	55 Tage	5.000	275.000
P6	45 Tage	5.000	225.000
P7	45 Tage	5.000	275.000
		Summe:	1.000.000
		Betriebskosten	950.000
		Ergebnis	50.000

Tabelle 11: Die Auswahl der richtigen Projekte – Das Ergebnis

Die neu geschaffene Kennzahl „Durchsatz/Engpasstage" zeigt also, wie gut der Engpass durch das Projekt ausgenutzt wird oder – in anderen Worten – mit welchen Projekten das Unternehmen am meisten erwirtschaftet.

Achtung:

Lesen Sie hierzu auch die entsprechenden Abschnitte „Durchsatz" und „Engpass" im Glossar!

Anhand des Beispiels wird deutlich, dass die klassischen Berechnungsmethoden, wie sie derzeit in vielen Unternehmen angewendet werden, zu Fehlentscheidungen führen können. Um die lukrativen Projekte auszuwählen zu können, sind daher die folgenden Schritte zu durchlaufen:

Die Vorgehensweise noch einmal zusammengefasst:

1. Identifizieren Sie den Engpass der Projekte (hier: Mitarbeiter B).
2. Ermitteln Sie den Durchsatz des einzelnen Projektes.
3. Berechnen Sie, wie viele Engpasseinheiten durch das Projekt verbraucht werden (im Toggotec-Beispiel: Wie viele Stunden benötigt Mitarbeiter B im Projekt?)
4. Errechnen Sie das Verhältnis zwischen Durchsatz und Engpassverbrauch.
5. Wählen Sie die Projekte aus, bei denen das Verhältnis am besten ist.

Die Projektleiter bei Toggotec durchforsten mit diesem neuen Berechnungsverfahren die Projektliste noch einmal: Es bleiben nur noch siebzehn Projekte übrig. Die anderen werden gestrichen oder bis auf Weiteres zurückgestellt. Neue Projektanfragen werden zukünftig bei Toggotec nur noch nach dem neuen Verfahren ausgewählt. Die aufwändige Projektkostenrechnung wird abgeschafft.

> **Achtung:**
> Ein Projekt hat in Organisationen keine „eigene" Profitabilität, sondern nur einen Einfluss auf die Profitabilität des Unternehmens!

Nun gilt es, die übrig gebliebenen Projekte bestmöglich zu organisieren.

2.3 Anfrage- und Angebotsteam

Bislang wirtschaftet Toggotec nicht nur bei der Auswahl der Projekte schlecht, sondern auch bei der Anfrage und Auftragsklärung zu Beginn der Projekte. Sonderlösungen und Änderungsoptionen werden zum fast gleichen Preis gewährt.

Welche Mechanismen führen zu den Schwierigkeiten?

Mit der Intention, die wirtschaftliche Situation von Toggotec zu verbessern, setzt der Vertrieb alles daran, möglichst viel Umsatz zu generieren. Hat der Vertrieb jedoch die Maschine erst einmal verkauft, kommt es häufig zu großen Aufregungen im Unternehmen. Die nur leicht veränderte Standardlösung entpuppt sich dann des Öfteren als komplette Neuentwicklung. Erhebliche Preisnachlässe, die der Vertrieb gewährt, sorgen dafür, dass anspruchsvolle Entwicklungsprojekte zum Preis einer Standardmaschine durchgeführt werden müssen. Schon zu Beginn dieser Art von Projekten wissen alle Projektbeteiligten, dass dies nicht ohne Verlust zu bewerkstelligen sein wird. Die wirtschaftliche Situation von Toggotec verschlechtert sich dadurch weiter.

Wo liegt die Kernursache?

Die Probleme liegen auf der Hand: Für eine stichhaltige technische Machbarkeitsklärung stehen die Entwickler dem Vertrieb nicht zur Verfügung. Sie kümmern sich um Reklamationen und versuchen, andere Projekte zu retten, die bereits in den roten Zahlen stecken. Nicht nur die Entwickler, sondern alle Spezialisten bei Toggotec verwenden die meiste Energie und Zeit für die Rettung von Projekten an deren Ende. Die wenigsten haben Zeit, die doch so wichtigen Abklärungen mit dem Kunden bei der Akquise und beim Projektstart vorzunehmen.

So scheinbar absurd und dabei überraschend einfach ist die Lösung des neuen Geschäftsführers. Er stellt zwei simple Fragen: „An welcher Stelle im Projekt wird das Geld verdient? An welcher Stelle im Projekt benötigen wir demnach unsere Spezialisten?“

Die Antwort lautet: „Am Anfang!“

So sieht die Lösung aus!

Noch am selben Tag wird ein Anfrage- und Angebotsteam gegründet, das heute dafür verantwortlich ist, dass Toggotec nur noch gewinnbringende Projekte abwickelt. Die Runde besteht aus Entwicklern und Abteilungsleitern, die entscheiden, welche Kundenanfragen überhaupt bearbeitet werden. Die gleiche Runde ist auch dafür verantwortlich, die kaufmännische und technische Machbarkeitsprüfung abzuzeichnen.

Zu viele Anfragen im System

Welche Mechanismen führen zu den Schwierigkeiten?

Ein anderes Problem, das im Zusammenhang mit der Projektauswahl steht, sieht wie folgt aus: Toggotec hat sehr viele Anfragen, die auch alle bearbeitet werden. Da es aber so viele sind, können nicht alle qualitativ hochwertig bearbeitet werden. Man meint jedoch, alle Anfragen beantworten zu müssen, andernfalls würde Toggotec nicht mehr von den wichtigen Kunden angefragt. Zudem sei die Chance, einen Auftrag zu generieren, höher, wenn mehr Anfragen bearbeitet würden. Die Anzahl der Aufträge, die aus den Anfragen generiert werden, ist jedoch verschwindend gering.

Wo liegt die Kernursache?

Diese Maxime – alle Anfragen zu beantworten – war ein Trugschluss, wie sich später herausstellt. Eine schlechte bzw. oberflächlich bearbeitete Anfrage macht nach Aussagen der Kunden einen viel schlechteren Eindruck, als wenn der Lieferant bekundet, dass er im Moment ausgelastet ist.

So sieht die Lösung aus!

Seitdem das Anfrage- und Angebotsteam besteht, werden heute nicht einmal die Hälfte der eingehenden Kundenanfragen bearbeitet, diese jedoch konsequent und qualitativ hochwertig. Die „Hitrate“, das heißt das Verhältnis von Angebot zu Auftrag, hat sich um 100 Prozent im Vergleich zu früher gesteigert. Auch eine klare Position zu Billiganfragen schützt heute Toggotec vor unnötigem Aufwand.

3 Wenn sich Projekte im Weg stehen

Toggotec versucht mit Großprojekten das Ergebnis zu verbessern. Wie eine Elefantenherde werden die Projekte durch das Unternehmen getrieben. Da diese „Elefanten-Projekte“ an vielen Engstellen im Unternehmen ins Stocken geraten und sich gegenseitig behindern, werden die Terminverzögerungen immer größer. Die wirtschaftliche Situation verschlechtert sich. Solange Toggotec seine Projekte nicht priorisiert, hintereinander abwickelt und nach der Methode Durchsatz/Engpasseinheit auswählt, wird sich daran auch wenig ändern.

Die „Elefanten-Projekte“ sind einer der Gründe, warum bei Toggotec fast alle Mitarbeiter überlastet sind. Unter ihnen gibt es einige Schlüsselpersonen, von denen alles abhängig zu sein scheint. Projekt- und Linienverantwortliche benötigen gerade diese Mitarbeiter und müssen ständig um deren Mitwirkung kämpfen. Der Geschäftsführer, der diese Situation aus seinem alten Unternehmen kennt, weiß, dass die Mitarbeiter selbst die Lösung erarbeiten müssen, damit sie bei Toggotec akzeptiert wird. Er hält sich deshalb mit der eigentlichen Lösung zurück und gründet stattdessen ein Projektmanagement-Analyseteam.

3.1 Suche nach der Ursache

Dieses Team hat die Aufgabe, die Problemsymptome und unerwünschten Effekte des Projektmanagements zu identifizieren und im Hinblick auf ihre Ursachen zu untersuchen. Zunächst werden also die Symptome und unerwünschten Effekte genannt, erkannt und auf einem großen Transparent im Projektleiterbüro ausgehängt.

Unerwünschte Effekte:

1. Kundentermine werden nicht eingehalten.
2. Wichtige Informationen von Kunden werden nicht rechtzeitig weitergegeben; die Kommunikation innerhalb der Projekte funktioniert nicht.
3. Die Geschäftsführung wird mit operativen Entscheidungen über Ressourcen belastet – insbesondere dann, wenn die Gefahr besteht, dass Kunden wegen Terminüberschreitungen reklamieren.
4. Geplante Projektbudgets werden oft überschritten.
5. Der Cashbedarf für große Projekte ist sehr hoch.
6. Projekt- und Abteilungsleiter stehen unter hohem Druck.
7. Projektleiter streiten sich über Prioritäten und Ressourcen.
8. Mitarbeiter werden häufig in ihrer Arbeit gestört und wechseln deshalb zwischen verschiedenen Aufgaben.
9. Mitarbeiter sind generell überlastet.

Früher, unter der alten Unternehmensführung, hatte Toggotec eine Reihe von Anstrengungen unternommen, die unerwünschten Effekte zu beseitigen oder zumindest einzudämmen. Die Leistungskraft der Projekte – und damit die Ergebnisse des Unternehmens – wurde damit allerdings nicht verbessert. Denn: All die Schwierigkeiten wurden damals unabhängig voneinander diskutiert, so als bestünde zwischen den unerwünschten Effekten kein Zusammenhang. Die Folge: Dank der „Verbesserungen" verschwanden für kurze Zeit zwar vereinzelte Symptome. Bald aber tauchten ähnliche Schwierigkeiten an anderen Stellen wieder auf. Die Schwierigkeiten wechselten, die Probleme blieben.

Der Grund: Man hatte es damals nicht geschafft, die Symptome bei der Wurzel zu packen, wie das Beispiel einer „Scheinverbesserung" zeigt: Toggotec möchte beim Bau einer neuen Maschine seine Termintreue verbessern. Man beschließt, die Zukaufteile für diese Art von Maschinen nicht mehr über den zentralen Einkauf des Unternehmens abzuwickeln. Der Projektleiter soll von nun an die Teile direkt bestellen.

Man hat erkannt: Die Abstimmungen zwischen Projektleitern, Entwicklern, Produktion und Einkauf sind zu langwierig. Der Einkauf bestellt zwar bei günstigen Lieferanten, die aber liefern nicht die geforderte Qualität – was zu erheblichen Projektverzögerungen führt. Nun erhält der Projektleiter die Einkaufsverantwortung. Damit sind wiederum nicht alle glücklich. Die Teile werden zwar rechtzeitig bestellt. Sie werden auch in der geforderten Qualität geliefert. Doch der Projektleiter muss als zusätzliche Aufgaben die Lieferantenauswahl und -koordination übernehmen. Dieser Mehraufwand beansprucht Zeit, die ihm für die Projektsteuerung fehlt. Außerdem sind die Teile, im Vergleich zur Bestellung über den Einkauf, im Schnitt um rund fünf Prozent teurer.

Insgesamt wird die Termineinhaltung in einer gewissen Phase des Projektes verbessert – allerdings um den Preis höherer Teilekosten, die nun die Projektkalkulation aus dem Ruder laufen lassen. Das Gesamtprojekt wird nicht beschleunigt, da der Projektleiter zusätzlich Aufgaben erfüllen muss. Das Problem hat sich nur verschoben. Es wird so im Kern nicht gelöst. Diese Suche nach solchen Kernursachen wird nun durch den Einsatz eines Analyseteams nachgeholt.

Gegenwartsbäume

Das Analyseteam vermutet zu Recht, dass die gesammelten unerwünschten Effekte letztlich aus einer Kernursache resultieren. Es stellt zu seinem Erstaunen fest, dass es sehr gründlich den Zusammenhängen nachspüren muss, um schließlich auf die Wurzel allen Übels zu stoßen. Als methodisches Instrument für diese Suche verwendet das Team die sogenannten „Gegenwartsbäume". Diese Schaubilder werden von unten nach oben gelesen, die Pfeile bezeichnen logische „Wenn-dann-Beziehungen".

Achtung:
Im Folgenden kann der Begriff Mitarbeiter stellvertretend für sämtliche Ressourcen stehen, wie beispielsweise für Betriebsmittel, Energie, Materialien etc.

Die Matrixorganisation

Welche Mechanismen führen zu den Schwierigkeiten?

Profitorientierte Unternehmen wie Toggotec wollen wirtschaftlich erfolgreich sein. Deshalb wird die Matrixorganisation ins Leben gerufen. Die Matrix treibt zum einen Projekte voran, zum anderen lenkt sie den Blick auf die Kosten und stellt effizientes Arbeiten sicher. In der Matrixorganisation ist jedoch ein für die Praxis gravierender Konflikt angelegt:

Abteilungsleiter sind zum einen dafür verantwortlich, dass genügend Mitarbeiter für Projekte zur Verfügung stehen, um die Anfragen der Projektleiter bedienen zu können. Zum anderen tragen Abteilungsleiter dafür Sorge, dass ihre Mitarbeiter möglichst effizient arbeiten und gut ausgelastet sind.

Diese beiden Aufgaben – Mitarbeiter auslasten und Mitarbeiter für Projekte vorhalten – bringen Abteilungsleiter in Bedrängnis und Schwierigkeiten. Projekte verlaufen nicht fahrplanmäßig; die Anfragen der Projektleiter schwanken erheblich. Um Projekte jederzeit ausreichend mit Mitarbeitern zu versorgen, muss der Abteilungsleiter auch in Zeiten hoher Belastung genug Reserven vorhalten.

Ähnlich wie Stromversorger genügend Kraftwerke bereithalten, um auch in Spitzenzeiten (beispielsweise an Winterabenden) das Stromnetz stabil zu halten, benötigt der Abteilungsleiter Überkapazitäten. Wie dieser auch handeln mag, er entscheidet zumindest in einer Hinsicht falsch: Will er die Versorgung der Projekte durch Überkapazitäten sichern, kommt er in Konflikt mit Geschäftsleitung und Controlling wegen vorübergehender freier Kapazitäten. Baut er dagegen die Überkapazitäten ab, so beklagen sich die Projektleiter, denen die Ressourcen im entscheidenden Moment für ihr Projekt fehlen.

Gegensätzliche Interessen

Den Projektleitern geht es in dieser Situation nicht besser. Sie kümmern sich um die Zielerreichung Ihrer Projekte. Sie haben jedoch den Nachteil, dass sie sich die Mitarbeiter von den Abteilungsleitern nur für das Projekt „ausleihen“ können, denn die Mitarbeiter unterstehen den Abteilungsleitern. Ihr Konflikt besteht darin, dass sie versuchen, anderen Projekten die Mitarbeiter streitig zu machen, um ihr eigenes Projekt voranzutreiben.

Sie bekommen zwar von den Abteilungsleitern Zusagen über Mitarbeiter und Ressourcen, die sie in ihre Projekte einplanen können. Ob diese dann aber zum benötigten Zeitpunkt auch zur Verfügung stehen, ist nicht sicher. Sie werden immer ein Fragezeichen hinter ihre Planungen machen müssen. Projektleiter haben zwar auf dem Papier die volle Verantwortung für das Projekt, jedoch fast keine „Macht", die oft fehlenden Ressourcen im Unternehmen einzufordern. Zumindest nicht auf offiziellem Weg.

Es wundert kaum, dass die besten Projektleiter heute in erster Linie Beziehungsmanager sind. Je besser sie ihr Netzwerk in ihrem Unternehmen geknüpft haben, desto besser werden sie über ihre Beziehungen an die nötigen Ressourcen kommen – und desto erfolgreicher sind ihre Projekte. Diese Strategie rettet zwar so manches Einzelprojekt, dem Gesamtunternehmen wird dabei aber nicht geholfen.

In diesem Spannungsfeld werden dann die Machtspiele ausgetragen. Abteilungsleiter setzen auf einmal veränderte Prioritäten, teilen bestimmten Projekten Ressourcen zu und ziehen sie wieder ab. Sie erliegen dabei zumeist dem Druck der Kunden, der Geschäftsführung und einzelner Projektleiter. Wessen Stimme in der Kampfarena am lautesten ertönt, der „erbeutet" seine Ressourcen.

Fazit: Abteilungsleiter optimieren ihre Abteilung, und Projektleiter optimieren ihre Projekte; sind sie nicht aufeinander abgestimmt, schaden diese Strategien dem Unternehmen erheblich. Denn die Optimierung von Teilen (Abteilungen und Projekte) führt nicht automatisch zur Optimierung des gesamten Unternehmens.

Achtung:
Gerade kleinere Unternehmen sind sich gar nicht bewusst, dass sie informell eine Matrixorganisation leben, obwohl sie nur eine Linienorganisation in ihrem Organigramm abgebildet haben.

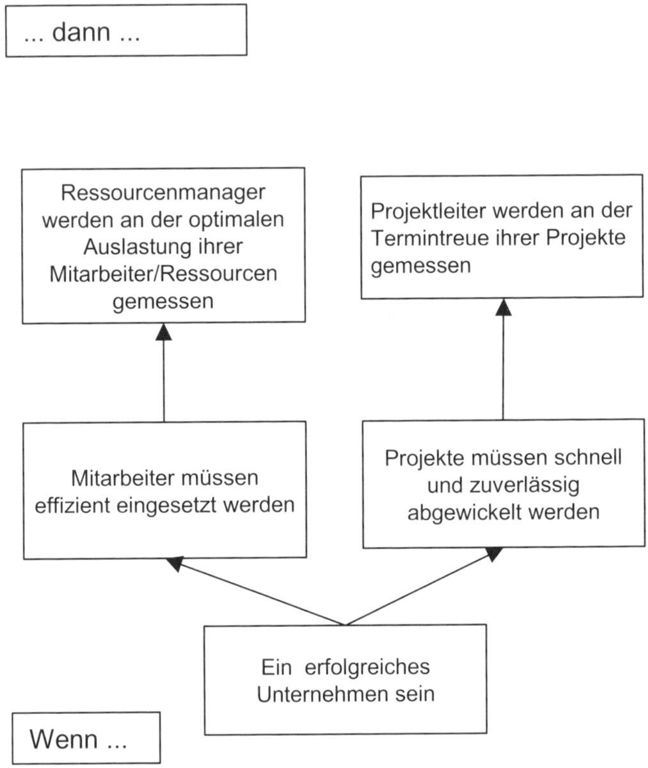

Abbildung 2: Gegenwartsbaum Multiprojektmanagement, Teil 1

Das Analyseteam von Toggotec zieht aus diesen Beobachtungen den Schluss: Die bestehende Matrixorganisation hat durchaus ihre Berechtigung für ihr Projektunternehmen. Man muss jedoch eine Systematik entwickeln, die eine andere Form der Zusammenarbeit herbeiführt. Möglicherweise muss Toggotec die lokalen Effizienzen und Messkriterien abschaffen. Was ist damit gemeint?

Abschaffung lokaler Messgrößen

Wo liegt die Kernursache?

Die Abteilungsleiter werden an sogenannten lokalen Messgrößen gemessen, beispielsweise an der Produktivität des Prototypenbaus, an der Laufzeit einer CNC-Maschine oder an Arbeitsstunden, die auf einen bestimmten Auftrag gebucht sind. Die Mitarbeiter in diesen Bereichen werden also danach beurteilt, wie viel produktive Arbeitszeit sie verbringen. Grundsätzlich wird darauf geachtet, dass die intern anfallenden kalkulatorischen Kosten an Kunden weitergegeben werden können. Je mehr Mitarbeiter mit produktiver Arbeit ausgelastet sind, desto besser stehen sie und ihre Abteilungsleiter im Unternehmen da.

Die Arbeitsweise der Mitarbeiter und Führungskräfte sind den geltenden Kennzahlen angepasst, so dass sie möglichst „gute Zahlen" liefern. Diese Denkweise – man könnte von einem Paradigma sprechen – ist sehr tief verwurzelt; so wird eher akzeptiert, dass Mitarbeiter etwas Unsinniges machen (beispielsweise unnötige Skizzen anfertigen), als dass sie untätig sind oder früher nach Hause gehen.

Unvorhergesehene Ereignisse können Lücken in der individuellen Auslastung verursachen. Die Mitarbeiter fürchten daher, durch solche Schwankungen für Stunden oder Tage keinen „Aufgabennachschub" zu haben – und ihre „guten" Zahlen nicht liefern zu können. Dies führt dazu, dass die Mitarbeiter tendenziell mehr Aufgaben annehmen, als sie voraussichtlich in der zur Verfügung stehenden Zeit abarbeiten können. Dies erklärt, weshalb Mitarbeiter in der Multiprojektumgebung generell überlastet sind – ein Umstand, der wiederum die planmäßige Abwicklung der Projekte gefährdet. Werden die Mitarbeiter laut Zeitplan im Projekt gebraucht, sind sie oft noch mit anderen Aufgaben beschäftigt und nicht sofort verfügbar.

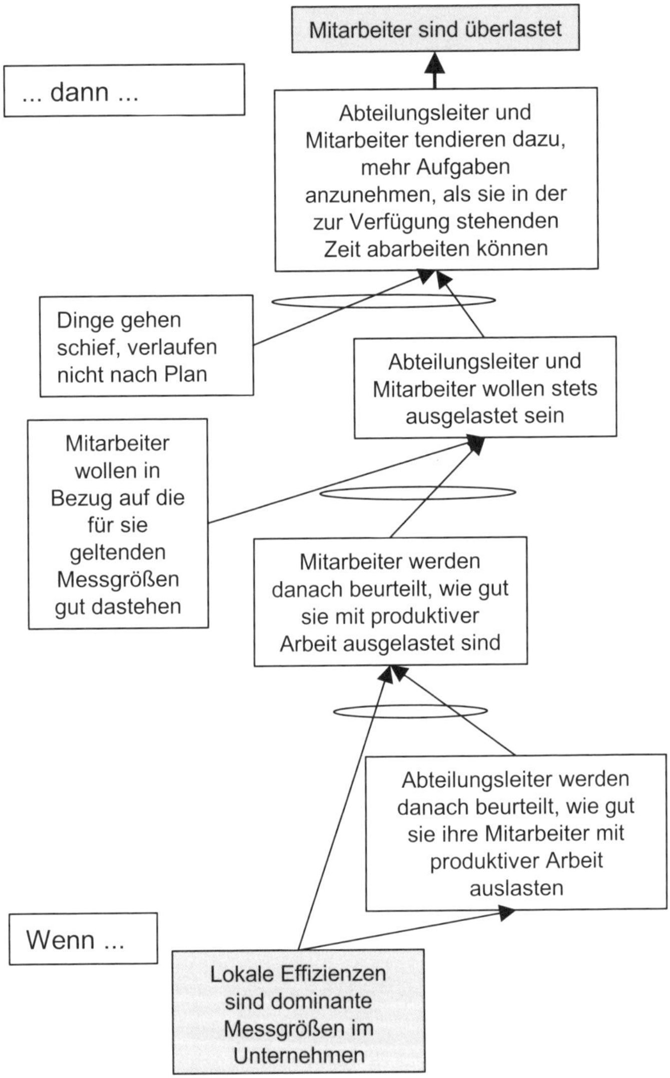

Abbildung 3: Gegenwartsbaum Multiprojektmanagement, Teil 2

Projektleiter benötigen die Ressourcen genau dann, wenn ihre Arbeit im Projekt erforderlich wird. Warten können sie in der Regel nicht. Dies würde das Projekt verzögern. So erhöhen die Projektleiter den Druck auf die Abteilungsleiter, um an die benötigten Mitarbeiter heranzukommen. Insbesondere die Elektronikentwickler bei Toggotec müssen ihre laufenden Aufgaben oft unterbrechen. Sie werden dadurch zwischen den Aufgaben hin- und hergerissen. Dies führt dazu, dass Aufgaben länger dauern als geplant. Schädliches Multitasking verbreitet sich im Unternehmen.

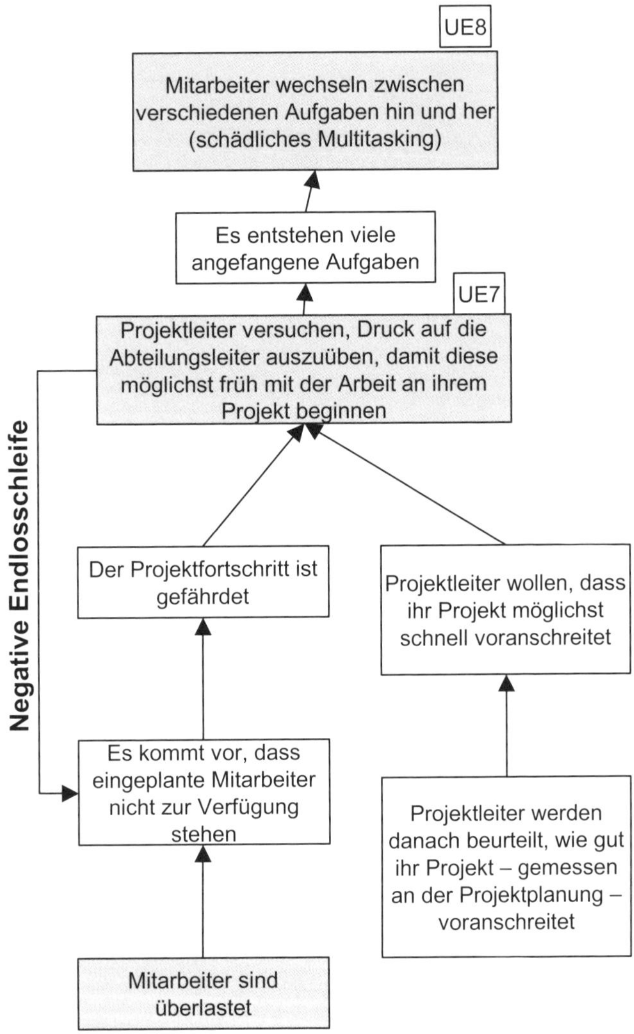

Abbildung 4: Gegenwartsbaum Multiprojektmanagement, Teil 3

3.2 Schädliches Multitasking

Welche Mechanismen führen zu den Schwierigkeiten?

Muss eine Aufgabe zugunsten einer anderen Aufgabe unterbrochen werden, spricht man vom schädlichen Multitasking. Es gibt aber auch sinnvolles Multitasking: Wenn ein Entwickler beispielsweise einen Versuch betreut und dort nur zeitweise benötigt wird, so kann er parallel ein neues Konzept ausarbeiten. Um die Auswirkungen von schädlichem Multitasking zu verstehen, wird am Beispiel der Platinenentwicklung für die Projekte OSLO, RIO und PARIS eine Schulungsunterlage für die Führungskräfte von Toggotec erstellt.

Drei Projektleiter konkurrieren um einen hochspezialisierten Elektronikentwickler. Er hat für die nächsten drei Monate einen sorgfältig abgestimmten Arbeitsplan: Im ersten Monat soll er eine Platine für das Projekt OSLO entwickeln, im zweiten Monat eine Platine für das Projekt PARIS und im dritten Monat eine Platine für das Projekt RIO.

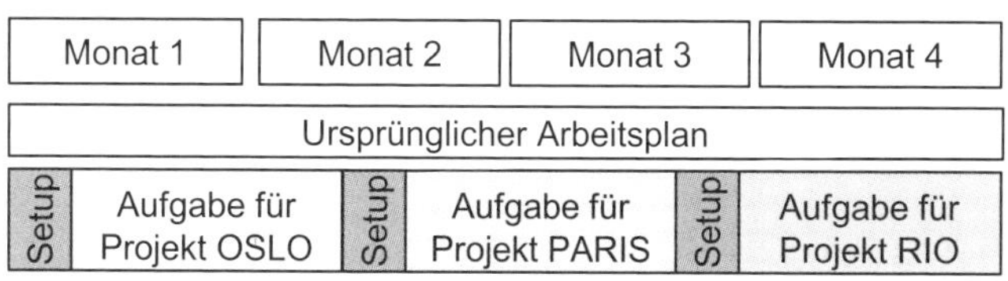

Abbildung 5: Arbeitsplan Elektronikentwickler

Die Projekte OSLO sowie PARIS stehen bereits unter hohem Termindruck. Das Projekt RIO befindet sich noch im „grünen Bereich“. Im Projekt OSLO fehlen noch Kundendaten. Der Spezialentwickler kann erst einen Monat später als geplant beginnen – und für „Monat 2“ wurde bereits PARIS eingeplant.

Diese Veränderung bringt den Arbeitsplan des Spezialisten durcheinander. Die Projektleiter von PARIS und RIO drängen bereits und wollen ihre Arbeiten begonnen sehen; PARIS hätte schon längst gestartet werden sollen. Während also der Spezialentwickler zunächst eine weitere Woche an OSLO arbeitet, fordert der Kunde des Projektes PARIS die pünktliche Zeichnung für die Platine an. Diese müsste ja, so sagt er, seit einer Woche bereits fertig sein. Sein Kunde braucht diese Zeichnung, um seinerseits für die richtigen Schnittstellen und für den Abgleich technischer Informationen und Spezifikationen mit seinem Kunden sorgen zu können. Mit diesem Argument hat der Projektleiter PARIS, dem die Verspätung unangenehm wird, ein Druckmittel in der Hand. Er bewirkt beim Entwicklungsleiter, dass dessen Mitarbeiter nun dringend mit der Arbeit am Projekt PARIS beginnt.

In diesem Moment unterbricht der Entwickler die Arbeit am Projekt OSLO, wechselt zum Projekt PARIS, um dort die Entwurfszeichnung fertig zu stellen. Bereits nach kurzer Zeit wird er wieder unterbrochen, weil nämlich Kunde RIO anfragt und Zwischenergebnisse zu seinem Projekt fordert.

So wird unser Spezialist seine Arbeiten durch die wechselnden Prioritäten immer wieder unterbrechen und sich anderen Aufgaben widmen; am Ende des dritten Monats sind, anders als geplant, die Aufgaben weder für PARIS noch für RIO fertig.

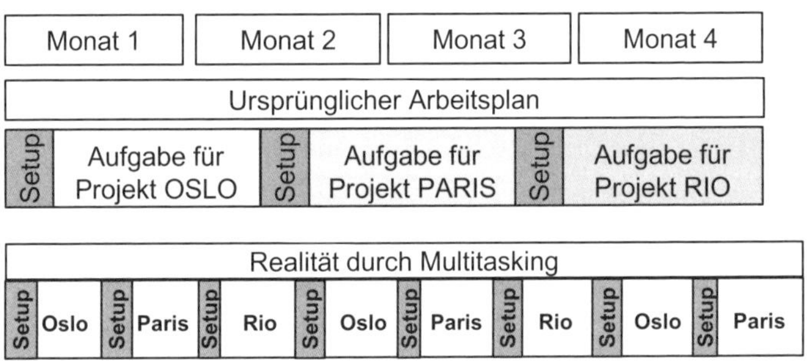

Abbildung 6: Tatsächlicher Arbeitsverlauf des Elektronikentwicklers

Das Beispiel OSLO zeigt eine drastische Differenz zwischen der Nettoarbeitszeit, die in das Projekt investiert wurde, und der Durchlaufzeit, die für die Projektaufgabe benötigt wurde. Die Durchlaufzeit beträgt ein Vielfaches der Nettoarbeitszeit. Obwohl der Spezialist seine Nettoarbeitszeit von etwas mehr als einem Monat korrekt auf das Projekt gebucht hat, liefert er die OSLO-Platine erst nach drei Monaten ab, also zwei Monate zu spät.

Der Entwicklungsspezialist hätte jeweils nur einen Monat Arbeitszeit gebraucht, um die Aufgabe zu erledigen. Bedingt durch das schädliche Multitasking kann er die Ergebnisse für alle drei Projekte erst nach drei Monaten liefern. Mehr noch: Er musste sich in die Aufgabe nach der Unterbrechung immer wieder einarbeiten. Diese Setup-Zeiten mögen bei Routineaufgaben nicht ins Gewicht fallen. Doch in der Entwicklung sind sie deutlich zu erkennen. Unser Spezialist verschwendet dadurch zusätzlich einen halben Monat Arbeitszeit.

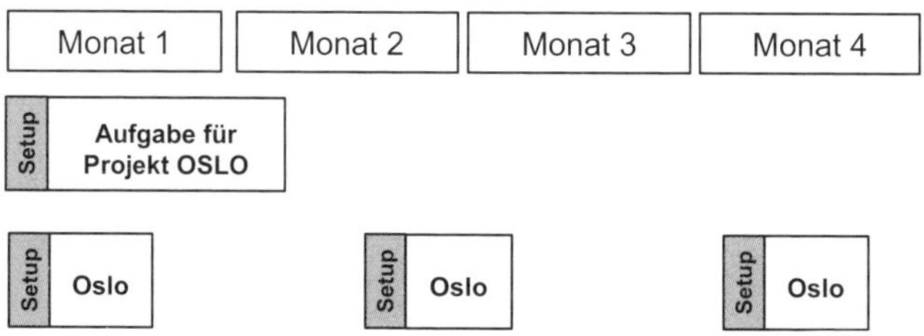

Abbildung 7: Tatsächlicher Arbeitsverlauf Projekt OSLO

Unerwünschte Effekte aufgrund von Multitasking

Die Auswirkung schädlichen Multitaskings ist offensichtlich. Wenn Projekte wegen schädlichen Multitaskings länger dauern als sie eigentlich müssten, führt dies genau zu jenen unerwünschten Effekten (UE), die Toggotec bereits im Vorfeld identifiziert hatte.

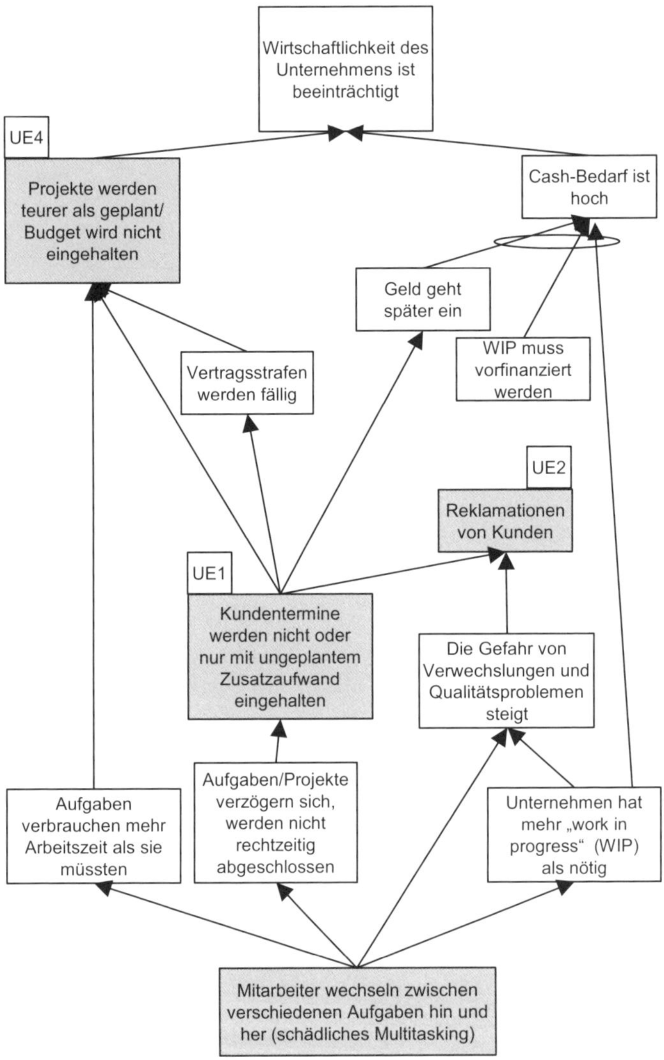

Abbildung 8: Gegenwartsbaum Multiprojektmanagement, Teil 4, schädliches Multitasking

Aus dem Gegenwartsbaum wird ersichtlich, wie schädliches Multitasking letztlich das wirtschaftliche Ergebnis des Unternehmens beeinträchtigt. Die Unerwünschten Effekte (UE) tauchen in den Gegenwartsbäumen an verschiedenen Stellen wieder auf.

Der unerwünschte Effekt UE-1 – Kundenfixtermine können nicht oder nur mit erheblichem Zusatzaufwand eingehalten werden – führt zu Reklamationen von Kunden (UE-2). Bei den dann folgenden „Feuerwehraktionen“ spielen die Kosten – zum Unverständnis der Mitarbeiter – auf einmal keine Rolle mehr. Dann werden die lokalen Messgrößen außer Kraft gesetzt.

Für diese zusätzlichen Anstrengungen müssen wiederum andere Aufgaben und Projekte unterbrochen werden – die sich dann ihrerseits verspäten. Das Unternehmen droht in eine gefährlich Abwärtsspirale zu geraten; wie Dominosteine fällt ein Projekt nach dem anderen. Kann sich ein Unternehmen aus dieser Spirale nicht mehr befreien, werden seine Projekte teurer als geplant (UE-4).

Durch die häufigen Unterbrechungen beim schädlichen Multitasking steigt zudem die Gefahr von Verwechslung, unkonzentriertem Arbeiten und die daraus resultierenden Fehler. Die Mitarbeiter können den erforderten Qualitätsstandard nicht mehr erreichen. Kosten für Nacharbeit und verärgerte Kunden bei der Maschinenabnahme sind die Folge. Zudem bezahlt der Kunde erst dann, wenn das Projekt vollständig und ohne Mängel geliefert wird.

Ein weiterer negativer Aspekt sind die vielen angefangenen bzw. halbfertigen Projekte, die durch Multitasking entstehen. Material und Zukaufteile müssen für diese Projekte vorfinanziert werden, was einen erhöhten Finanzbedarf fordert. Letztendlich ist es die Summe der unerwünschten Effekte, die Toggotec in den Liquiditätsengpass geführt hat. Alles in allem gefährdet schädliches Multitasking das betriebswirtschaftliche Ergebnis des Unternehmens.

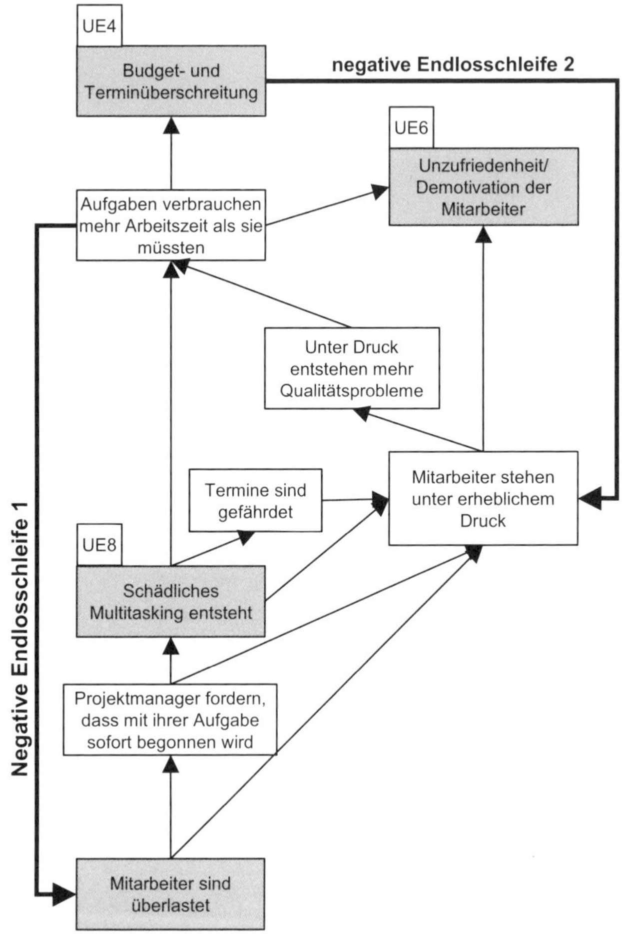

Abbildung 9: Gegenwartsbaum Multiprojektmanagement, Teil 5, Mitarbeiter sind überlastet

Toggotec befindet sich bereits in einer negativen Endlosschleife wie Abbildung 9 zeigt. Die Mitarbeiter sind überlastet und stehen unter dem Druck ihrer Führungskräfte. Die Führung drängt darauf, alle Aufgaben so früh wie möglich anzufangen, und dies verbreitet das schädliche Multitasking noch weiter. Die Aufgaben brauchen noch mehr Arbeitszeit als eigentlich erforderlich, was wiederum zur Überlastung der Mitarbeiter führt. Unter Druck machen Mitarbeiter mehr Fehler, was Nacharbeit, Budgetüberschreitungen und Terminverzögerungen nach sich zieht. Wie kommt Toggotec aus dieser negativen Endlosschleife wieder heraus?

Je später angefangen wird, desto besser!

Welche Mechanismen führen zu den Schwierigkeiten? Vgl. auch Abb. 9

Toggotec-Manager – insbesondere die Projektleiter – fordern, dass alle Aufgaben so früh wie möglich angepackt werden. Ein Projekt, das beauftragt wird, soll direkt gestartet werden. Mit einer zu erledigenden Aufgabe soll sofort begonnen werden. Dieses Verhalten forderte die althergebrachte Kultur, ständig wurden Aufgaben und Projekte zur Erledigung in die Organisation gepumpt. Doch der Durchsatz der Organisation wurde durch diese Strategie nicht erhöht. Denn Toggotec konnte nur so viele Projekte durchschleusen, wie es der Engpass zuließ. Weshalb dann die Forderung, eintreffende Projekte und Aufgaben umgehend zu starten?

„Je früher eine Aufgabe begonnen wird, desto früher ist sie fertig." Dieser Leitsatz scheint Managern Sicherheit und Zeitvorsprung zu verschaffen. Nicht nur Manager reizt es, neue Aufgaben sofort anzugehen. Diese Strategie entspricht auch dem Naturell vieler Ingenieure und Entwickler, die sich mit Herz und Verstand dem Problemlösen verschrieben haben. Ein neues Problem fordert sie heraus, es kann nicht liegen bleiben, bis es – aus der Perspektive der Planung – an der Reihe ist. Eine frische Aufgabe begeistert die Spezialisten. Sie fordert sie heraus – zumindest mehr als jene Aufgaben, die halb gelöst nur noch mit Einsatz von Fleiß und Geduld beendet werden können.

Man kann diesem Impuls, so früh wie möglich anzufangen, durchaus nachgeben – allerdings nur unter gewissen Voraussetzungen:

- Alle Vorleistungen, die nötig sind, um die Aufgabe beginnen zu können, sind vollständig erbracht.

- Während die Aufgabe abgearbeitet wird, kommen alle Vorleistungen, die im Laufe der Abarbeitung noch erforderlich sind, rechtzeitig hinzu.
- Es gibt keine Änderungen seitens des Kunden, die die Bearbeitung der Aufgabe ins Stocken bringen können.
- Die Bearbeitung der Aufgabe wird nicht durch andere Aufgaben, die plötzlich wichtiger sind, gestört oder unterbrochen.

Die Erfahrung zeigt, dass in den allermeisten Fällen nicht einmal ein oder zwei dieser Vorbedingungen erfüllt sind. Trotzdem wird die Bearbeitung direkt gestartet. Die Toggotec-Manager kommen nach einer kurzen Übung in einem Workshop zu einer erstaunlichen Erkenntnis:

„Je früher eine Aufgabe begonnen wird, desto länger dauert die gesamte Fertigstellung."

Folgende Argumente sprechen für die Richtigkeit dieser Erkenntnis:

- Je früher eine Aufgabe begonnen wird, desto größer wird die Bereitschaft sein, noch Störungen zuzulassen.
- Je früher eine Aufgabe begonnen wird, desto größer wird auch die Bereitschaft sein, Änderungswünsche zuzulassen und desto größer wird die Versuchung der Kunden, Änderungswünsche zu äußern und berücksichtigt haben zu wollen.

Und noch ein mittlerweile bekannter negativer Effekt tritt auf: Wenn beispielsweise Informationen für begonnene Aufgaben fehlen, dann werden Mitarbeiter dazu gezwungen, Projekte parallel zu bearbeiten. Stehen Änderungen im Raum lassen die Mitarbeiter die angefangenen Aufgaben genauso liegen und wechseln zu anderen Tätigkeiten. Dadurch entsteht wieder die Gefahr des Multitaskings.

Ohne Verantwortung keine Schuldigen

Bei Toggotec wird eine offene Aufgabe sofort einem Verantwortlichen zugeordnet: Wo kein Verantwortlicher benannt wird, dort findet sich später auch kein potenziell Schuldiger, falls sich die Aufgabe verzögert oder gar nicht erledigt wird. Und: Ohne einen Verantwortlichen fällt die Aufgabe unter den Tisch.

Wenn die Aufgabe schon nicht so früh wie möglich gestartet werden soll – dann kann sie doch wenigstens gleich einem Verantwortlich zugeordnet werden. Eine sinnvolle Strategie? Nein, wohl nicht. Sie verlangsamt den Ablauf. Sie erhöht den Berg unerledigter Arbeiten und führt die Mitarbeiter in Versuchung, mehrere Dinge gleichzeitig zu tun. Undenkbar scheint es, zunächst die Aufgaben – ohne sie einem Verantwortlichen zuzuordnen – aufzuschreiben und zu einem günstigen Zeitpunkt zu verteilen. Doch dies wäre das einzig wirksame Mittel.

Folgende Situation macht dies deutlich: Ein Lieferant von Toggotec stellt maßgeschneiderte Beschläge her. Die Kundenwünsche werden möglichst schnell in den vorhandenen Serien berücksichtigt. So können die Konstrukteure selbständig nach einem Standardablauf kleinere Änderungen umsetzen, beispielsweise bei der Farbe; der Konstrukteur benötigt hierzu keine fremde Hilfe.

Geht die Änderung jedoch über den üblichen Standard hinaus (etwa bei Materialänderungen), so müssen die Entwickler und Produktmanager hinzugezogen werden. Das Verfahren für die größeren Änderungen: Eine solche Anfrage wird sofort einem Mitglied des Entwicklerteams zugeordnet. Er muss der Entwicklungskonferenz innerhalb von fünf Tagen eine Lösung vorschlagen, damit der Kunde schnell benachrichtigt werden kann. Der Entwickler ist also dazu verpflichtet, bestehende Aufgaben zu unterbrechen. Die Schwierigkeit ist nun: Die Entwickler sind Schlüsselressourcen dieses Unternehmens. Sie haben eine Vielzahl von Aufgaben zu bearbeiten – und einen entsprechenden Arbeitsberg auf dem Schreibtisch. Die Folge der eiligen Zuordnung von Aufgaben: Die Entwickler verzetteln sich zwangsläufig, es kommt wieder zu schädlichem Multitasking, die Umsetzung der Kundenwünsche verzögert sich, auch Entwicklungsprojekte beginnen zu stocken.

Gestaffelte Aufgaben

Das Unternehmen löst dieses Problem mit einem einfachen Kunstgriff: Eine neue – nicht standardisierte – Änderung wird jetzt nicht mehr sofort einem Entwickler zugewiesen, sondern zunächst auf einer Liste notiert. Entwickler dürfen höchstens vier offene Änderungen gleichzeitig bearbeiten. So können sie ihre Aufgaben deutlich schneller erledigen; die Durchlaufzeit erhöht sich dank dieser Staffelung der Aufgaben nachweislich.

In dieser Vorgehensweise – der Staffelung von Aufgaben – liegt auch der Schlüssel für die Lösung von Problemen im Multiprojektmanagement. Hierzu muss der begrenzende Faktor des Unternehmens gefunden werden. Dann muss entschieden werden, wie dieser optimal ausgenutzt wird. Die anderen Mitarbeiter und Ressourcen müssen sich dann dieser Entscheidung unterordnen. Auf diese Art und Weise wird Toggotec das Projektportfolio erfolgreich steuern können.

Der Geschäftsführer von Toggotec gibt seinem Analyseteam für das zu erarbeitende Konzept folgende Hinweise:

Hinweise:

1. Keine Steuerung mit lokalen Effizienzen.
2. Nicht so früh wie möglich beginnen, sondern intelligent staffeln.
3. Nicht jedem Problem sofort einen Verantwortlichen zuordnen.
4. Dem Engpass nicht mehr Arbeit zumuten, als er bewältigen kann.
5. Ausschließlich den Engpass zu nahezu 100 Prozent auslasten und von allen Störungen freihalten.

Keine Zeit für strategische Aufgaben

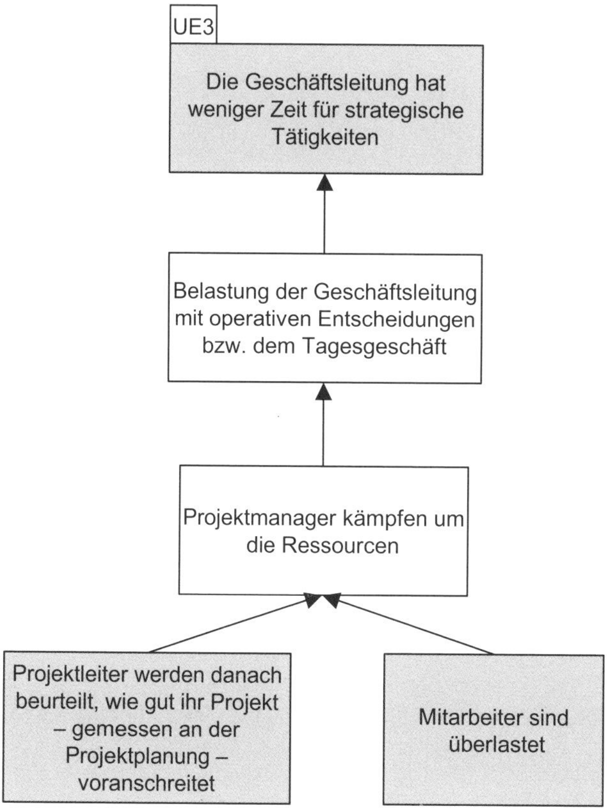

Abbildung 10: Gegenwartsbaum Multiprojektmanagement, Teil 6, strategische Aufgaben

Abbildung 10 zeigt, weshalb die Geschäftsführung keine Zeit mehr für strategische Aufgaben hat. Sie wird für operative Projektentscheidungen im Tagesgeschäft „missbraucht". Mitarbeiter sind überlastet. Die Projektleiter werden nach der Termineinhaltung gemäß ihrem Projektplan gemessen. Aus diesen Gründen müssen Projektleiter wie auch Abteilungsleiter um die Ressourcen kämpfen. Wird keine Einigung erzielt, muss regelmäßig die Geschäftsleitung eingreifen.

Diese Zusammenhänge werden den Führungskräften anhand der grafischen Gegenwartsbäume klar, die sie selbst erstellen bzw. ergänzen. Solange die dargestellte Systematik nicht unterbrochen wird, kann Toggotec in naher Zukunft der Bank keinen wirtschaftlich Erfolg nachweisen.

Für das Projektmanagement bedeutet diese Erkenntnis, zukünftig darauf zu achten, dass kein schädliches Multitasking mehr entstehen kann. Aufgaben müssen nacheinander abgearbeitet werden. Die lokalen Effizienzgrößen müssen abgeschafft werden. Wie das praktisch in einer Multiprojektumgebung funktionieren kann, zeigen wir Ihnen in Kapitel 3.4.

Achtung:
Multitasking gilt heute als zeitgemäß, als moderne „Tugend" in der Arbeitswelt. Belastbare Manager und Mitarbeiter können, so heißt es, mit mehreren Aufgaben zugleich operieren, ähnlich wie ein Jongleur mit Bällen. Die Forderung, multitaskingfähig zu sein, wird auch an Mitarbeiter gerichtet – so lange, bis die vielen „offenen Baustellen" zu gravierenden Terminverzögerungen führen. Im Projektmanagement allerdings hat schädliches Multitasking dramatische Folgen.

3.3 Paradigmenwechsel

Die Stimmung bei Toggotec ist am Boden. Niemand hat ein rechtes Bild davon, wie sich die gelebte Multitasking-Projektkultur schnell verändern lässt. Die Termine werden von den Kunden vorgegeben, alles scheint außerhalb des Einflussbereiches zu liegen, die Probleme werden bereits als schicksalhaft empfunden.

Wo liegt die Kernursache?

Zumindest ist nun die Kernursache für die unerwünschten Effekte und den daraus resultierenden wirtschaftlichen Misserfolg von Toggotec bekannt (vgl. Kapitel 3.1):

Kernkonflikt lokale Optimierung:
Folgende beiden Strategiesätze der lokalen Optimierung führen nicht zu einer verbesserten Entwicklung des Gesamtunternehmens:
„Ressourcen effizient einsetzen und Kosten sparen!" (Abteilungsleiter)
„Die Projekte vorantreiben und möglichst effektiv die Ressourcen für das Projekt einsetzen!" (Projektmanager)

Dieser Konflikt bildet eine Kernursache für die Schwierigkeiten, mit denen Toggotec zu kämpfen hat. Wird diese Kernursache bearbeitet, so verschwinden auf einen Schlag viele unerwünschte Effekte. Der Lösungsweg: Soll die Kernursache eliminiert werden, darf das Unternehmen keine lokale Optimierung mehr zulassen.

Das Verhalten der Mitarbeiter orientiert sich an den Kennzahlen, die im Unternehmen eingesetzt werden. So liegt es nahe, zunächst die Kennzahlen zu verändern. Manche Kennzahlen motivieren, andere existieren nur, um Schuldige zu suchen. Gleich, wie man es auch sehen möchte: Kennzahlen, die Mitarbeiter zu vereinzelten, lokalen Optimierungen verleiten, müssen im Projektmanagement abgeschafft werden. Sie führen nur zu schädlichem Multitasking.

Schnell wird dem Analyseteam klar: Wer an den bislang geltenden Kennzahlen rührt, verändert mehr als nur ein Controllinginstrument. Mit einem Mal werden seit vielen Jahren geltende Verhaltensregeln – ungeschriebene Gesetze des Arbeitens – in Frage gestellt. Verhalten, das heute noch gelobt wird, kann morgen angezweifelt werden. Verhalten, das bislang Tadel einträgt, kann morgen als dem Unternehmen dienlich gelten. Ein solcher Eingriff kann das Selbstverständnis des Unternehmens erschüttern, und es ist nur recht und billig, die anstehenden Verbesserungen einen Paradigmenwechsel zu nennen.

Führungskräfte müssen mitziehen

Der neue Geschäftsführer von Toggotec ist erfahren. Er weiß, dass ein Paradigma in einer Organisation nur dann verändert werden kann, wenn alle Führungskräfte verstanden haben, welche Verhaltensweisen grundlegend geändert werden müssen. Eine einfache

Abschaffung der lokalen Kennzahlen würde Toggotec nicht weiterbringen, da die Führungskräfte beim geringsten Widerstand wieder in die alten Verhaltensmuster zurückfallen würden.

Zur Auflösung des Kernkonflikts gibt der Geschäftsführer dem Analyseteam ein neues Instrument an die Hand: eine Konflikt- oder Dilemma-Wolke. Diese veranschaulicht grafisch ein Dilemma auf der Handlungsebene. Das Dilemma wird durch einen Blitz symbolisiert. Die gegensätzlichen Handlungen werden aus unterschiedlichen Bedürfnissen abgeleitet, die jedoch erstaunlicherweise das gleiche Ziel verfolgen.

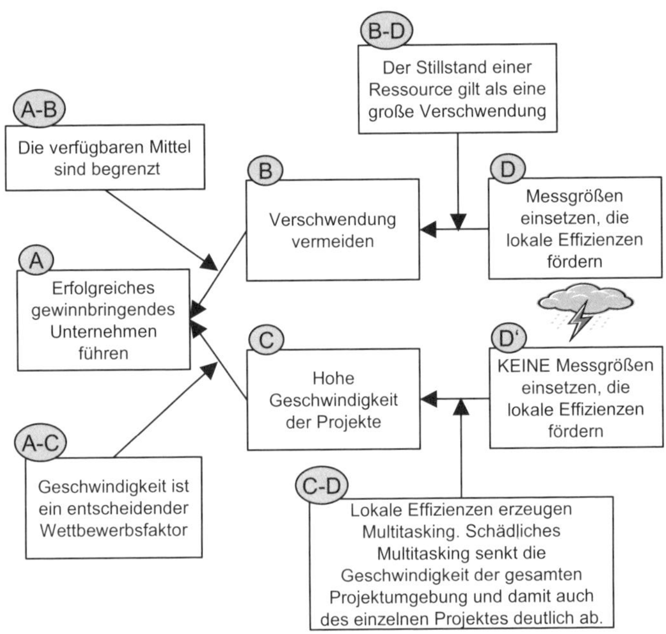

Abbildung 11: Der Kernkonflikt im Projektmanagement

Auf Basis dieser Wolke soll das Analyseteam herausfinden, warum sich Toggotec in ähnlichen Situationen einmal so und dann genau gegenteilig verhält. Dies sei vorweggenommen: An den Mitarbeitern liegt es in den meisten Fällen nicht, sondern an den Mechanismen in den Unternehmen; diese drängen die Mitarbeiter in bestimmte Konfliktsituationen.

Die Konfliktwolke liest sich so: „Um ein erfolgreiches und gewinnbringendes Unternehmen zu führen, muss Toggotec einerseits Verschwendung vermeiden und andererseits möglichst viel Projektumsatz mit den Kunden erzielen.“ Dies sind die beiden Bedürfnisse.

„Um eine hohe Geschwindigkeit der Projekte zu gewährleisten, dürfen wir keine lokalen Messgrößen haben, die lokale Effizienzen messen“. „Um auf der anderen Seite jedoch Verschwendung zu vermeiden, müssen wir lokale Messgrößen einführen.“ Hier entsteht das Dilemma. Eine der Annahmen muss falsch sein, so der Geschäftsführer von Toggotec, denn in logischen Systemen gebe es keine echten Konflikte. Diese seien alle künstlich geschaffen worden, so führt er weiter aus. Das Analyseteam soll zunächst untersuchen, warum Toggotec lokale Messgrößen benötigt. Hier liege des Pudels Kern, findet der Geschäftsführer.

Lokale Messgrößen contra Projekterfolg

Die lokalen Messgrößen führen dazu, dass Abteilungsleiter in erster Linie versuchen, ihren Bereich optimal auszulasten, und zwar ungeachtet der Auswirkung auf das Gesamtunternehmen. Die diesem Verhalten zugrunde liegende Annahme lautet: „Ein Mitarbeiter oder eine Ressource, die nicht arbeitet, ist Verschwendung“.

Ein Produktionsmitarbeiter aus dem Analyseteam meldet sich und betont, dass dies nicht nur bei Projekten so sei, sondern dass die Produktion das gleiche Dilemma habe. Er müsse sich jedes Mal entscheiden, ob er seine Termine einhält oder die Maschinen mit großen Losgrößen bestückt, damit seine Produktivitätskennzahl besser wird.

Hierzu ein Beispiel: Ein Produktionsleiter hat die lokale Messgröße „Produktivität“, die daran gekoppelt wird, wie sich der Maschinenstundensatz in der Produktion entwickelt. Der Abteilungsleiter hat ein starkes Interesse, dass seine Maschinen ständig laufen. Wenn nun der Chef persönlich oder eine andere hohe Führungskraft entscheidet, dass ein Auftrag ganz dringend erledigt werden muss, kann dies dazu führen, dass der gesamte Produktionsplan durcheinander gerät.

Maschinen, auf denen große Aufträge laufen, müssen plötzlich unterbrochen und umgerüstet werden, was die lokale Produktivitätskennzahl erheblich verschlechtert. Die Mitarbeiter wundern sich, warum sie sich immer anders verhalten müssen. Einmal müssen sie den Auftrag pünktlich ausliefern, das andere Mal nur Stückzahlen für das Lager generieren, damit die teuren Maschinen laufen.

Zudem kann es passieren, dass der gleiche Chef, der zuvor den langen Umrüstvorgang verursacht hat, eine Woche später in die Produktion kommt und sich wundert, warum so viele Maschinen stehen, und den Produktionsleiter zu mehr Produktivität und Auslastung auffordert.

So sieht die Lösung aus!

Das Analyseteam hat sich die Aufgabe gesetzt, den Widerspruch zwischen dem einen Leitsatz „Wir müssen lokale Effizienzen einsetzen, um Verschwendung zu vermeiden“ und dem anderen Leitsatz „Wir dürfen keine lokalen Effizienzen einsetzen, um hohe Geschwindigkeiten zu erreichen“ aufzulösen.

Es prüft zunächst, wie vom Geschäftführer vorgegeben, die Grundannahme: Stimmt es wirklich, dass der Stillstand einer Maschine oder eines nicht ausgelasteten Mitarbeiters eine große Verschwendung für Toggotec bedeutet? Ist es wahr, dass der Stillstand notwendigerweise und automatisch Verschwendung ist?

Ein Mitglied des Analyseteams erinnert sich an einen Zulieferer, der eine Woche zuvor seine teure Simulationsanlage vorstellte: Dessen Werkzeugbauunternehmen unterhält eine sehr teure Simulationsanlage, auf der aber nur zweimal im Monat ein Projekt bearbeitet wird. Nach Auslastungsgesichtspunkten würde sich diese Simulationsanlage nie rentieren. Dennoch wissen Mitarbeiter und auch der Controller, dass viele lukrative Aufträge nur aufgrund dieser Simulationstechnik und des damit verbundenen Know-hows vergeben werden. Die Untervergabe der Aufträge wäre undenkbar. Unter diesem Gesichtspunkt überrascht die Entscheidung des Controllers nicht, die

Effizienzmessgröße „Maschinenstundensatz" für diese Anlage außer Kraft zu setzen.

Ein weiterer Hinweis in dieser Richtung kommt durch ein Mitglied der freiwilligen Feuerwehr. Das Prinzip, Ressourcen ständig „auszulasten", gelte nicht überall, denn sonst müsse man – scherzhaft gesprochen – regelmäßig Brände legen, damit die Feuerwehr ausgelastet ist und sich die hohen Investitionen rentieren. Es scheint also gar nicht immer sinnvoll zu sein, einer Ressource zu einer höheren Auslastung zu verhelfen.

Effizienz einmal anders betrachtet

Nehmen wir einmal an, wir hätten eine Projektorganisation, die sich „Werksfeuerwehr Toggotec" nennt. Jedes Mal, wenn der Alarm ertönt, startet ein Projekt. Einige Projekte wiederholen sich zwar regelmäßig, andere aber sind einzigartig und bedürfen eines sehr intelligenten und effizienten Einsatzes. Da die Feuerwehr sehr viel Geld kostet, wird eine Unternehmensberatung beauftragt, welche die Organisation unter Kostengesichtspunkten produktiver machen soll. Nach einer ausführlichen Analyse kommt heraus, dass der Wertschöpfungsanteil der Feuerwehr nur bei acht Prozent liegt, der Rest muss als Verschwendung bezeichnet werden. Autos und Geräte werden im Vergleich zu ihrer Nutzung unnötig oft gewartet, Mitarbeiter sitzen oft einfach nur da und sind anwesend oder gehen sogar ihren Freizeitaktivitäten nach und haben nur einen Piepser dabei. Zudem laufen einmal jährlich einige Mitarbeiter in Arbeitskleidung in einer Linie im Gleichschritt auf und ab und musizieren dazu. Viel Zeit wird auch mit sogenannten Auffrischübungen verbracht, die sehr aufwendig organisiert sind. Zudem werden die Kunden (Bürger) bei jeder Übung mit lautem Sirenengeheul gestört. Besonders aufgefallen ist auch in der Analyse das dreimalige Retten eines Katzenbabys von einem Baum innerhalb nur eines Monats – ohne Weiterberechnung der dadurch entstandenen Kosten an den achtjährigen Eigentümer der kleinen Katze. Kurzum: Eine umfassende Sanierung muss dringend durchgeführt werden. Hier ist die Maßnahmenliste:

- Als erstes brauchen wir eine Vorausschau, wie viele Einsätze wir im kommenden Jahr zu erwarten haben. Hierzu nehmen wir die Anzahl der Einsätze der letzten drei Jahre und errechnen daraus den Durchschnitt. Aufgrund dieses Wertes passen wir dann die Arbeitszeiten und die Anzahl der Mitarbeiter und Fahrzeuge an.

- Danach werden die Prozesse optimiert – wegen einer großen Gaskatastrophe vor drei Jahren brauchen wir doch nicht die ganzen Spezialgeräte und Übungen. Das Schlauchboot kann auch von der Wasserpolizei angemietet werden.
- Um eine konstante Auslastung sicherzustellen, muss die Bevölkerung aufgeklärt werden. Hierbei ist auch darauf zu achten, dass zukünftig nicht mehr zwei Brände auf einmal gemeldet werden dürfen, denn dies verursacht erheblichen Mehraufwand im Hinblick auf unsere Ausrüstung. Wenn eine zu große Lücke zwischen zwei Einsätzen entsteht, müssen Sondereinsätze gefahren werden. Zukünftig wird dann in der Zeitung stehen, dass es jetzt mal wieder brennen dürfe, damit unsere Kunden dafür sensibilisiert werden.

Zusammenfassung: Wir können viel erreichen, indem wir eine enge Partnerschaft mit unseren Kunden anstreben. Große Aufklärungskampagnen – wie beispielsweise die Information darüber, dass Nachteinsätze teurer sind als Tageinsätze – sind klar und deutlich zu kommunizieren. Zudem soll die Notrufnummer zukünftig kostenpflichtig werden, damit die Anzahl unnötiger Anrufe zurückgeht und eine zusätzliche Einnahmequelle geschaffen wird.

Angenommen, es verhielte sich so wie in den beiden Beispielen angedeutet; angenommen, der Stillstand einer Ressource würde nicht zwangsläufig eine große Verschwendung für das Unternehmen bedeuten – sondern er wäre für eine produktive, effektive und effiziente Organisation geradezu notwendig: Das Dogma, dass lokale Effizienzen zwingend erforderlich sind, würde sich in Wohlgefallen auflösen und unser Konflikt wäre ausgeräumt.

Hundertprozentige Auslastung gibt es nicht

Tatsächlich können in einem zielgerichteten System mit mehreren aufeinander folgenden Prozessschritten nicht alle Ressourcen zu 100 Prozent ausgelastet sein. Störungen, die in Unternehmen alltäglich vorkommen, führen dazu, dass das Gesamtsystem niemals vollständig ausgelastet werden kann – auch theoretisch nicht.

> **Achtung:**
> Der Einsatz eines Mitarbeiters oder einer Ressource bedeutet nicht automatisch, dass dieser Einsatz auch effektiv für das Unternehmen ist!

Mitarbeiter oder Ressourcen nur zu beschäftigen, damit sie ausgelastet sind, kann zu höheren Beständen und mehr Konfusion im Unternehmen führen! Mitarbeiter oder Ressourcen dagegen intelligent zur Generierung von Durchsatz zu nutzen, erhöht in der Regel den Unternehmensgewinn.

Wenn jeder Mitarbeiter ständig arbeitet, arbeitet das Gesamtsystem am besten. Wenn alles auf Hochtouren läuft, läuft auch das Unternehmen auf Hochtouren. Trifft diese Annahme zu? Nein, sie trifft nicht zu. Aber sie ist der Schlüssel, mit dessen Hilfe der Kernkonflikt gelöst werden kann.

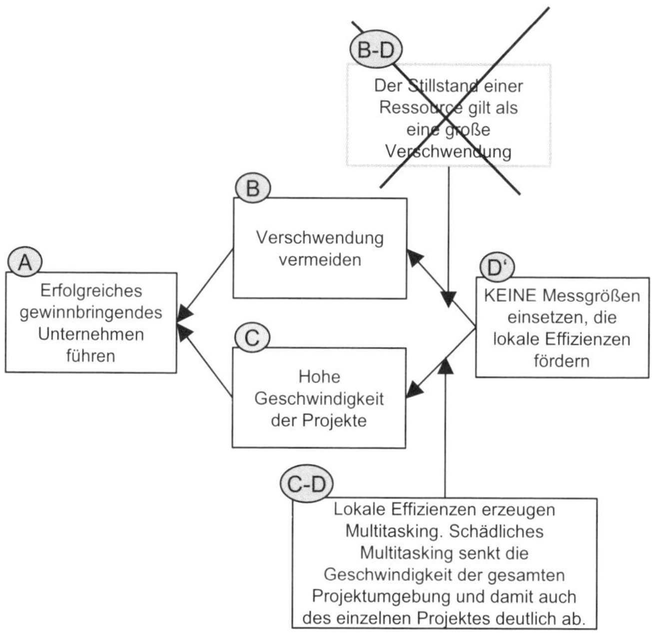

Abbildung 12: Der aufgelöste Kernkonflikt

Dies bedeutet in letzter Konsequenz: Führungskräfte müssen ihre Entscheidungen mit Blick auf die Gesamtorganisation treffen – und nicht mit Blick auf die Optimierung ihrer Abteilungen. Was wiederum heißt, dass die lokalen Messgrößen abgeschafft werden müssen, denn diese fördern das lokale Effizienzdenken.

Achtung:
Mitarbeiter verhalten sich so, wie sie gemessen werden!

Die Annahme, dass eine stillstehende Ressource oder ein nicht ausgelasteter Mitarbeiter generell eine Verschwendung für das Unternehmen darstellt, ist falsch. Wirklich? Nicht ganz. Es gibt eine einzige Ausnahme. Es handelt sich um den physischen Engpass des Unternehmens.

Ausnahme: der Engpass

Für diesen Engpass muss man sogar einen Auslastungsgrad von nahezu 100 Prozent herbeiführen. Dieser begrenzt den Durchsatz des Gesamtsystems. Wenn er stillsteht, steht das gesamte Unternehmen still. Das Unternehmen kann nur so schnell sein, wie sein Engpass arbeitet. Ist der Engpass vollständig ausgelastet, so ist auch das gesamte Unternehmen ausgelastet.

Auch hierzu ein Beispiel aus der Praxis: Angenommen, ein Projektleiter betreut eine Baustelle auf einer viel befahrenen Autobahn. An dieser Baustelle wird die dreispurige Autobahn auf eine Spur verengt. Vor der Baustelle staut sich der Verkehr, hinter der Baustelle hat man freie Fahrt. Der Projektleiter weiß: Die Kapazität der Autobahn wird durch diesen Engpass begrenzt. Um die Kapazität der Autobahn zu erhöhen, hat es keinen Sinn, vor (oder gar hinter) der Baustelle noch eine vierte Spur freizugeben. Der Projektleiter kann die Kapazität des „Gesamtsystems Autobahn“ nur erhöhen, indem er den Engpass möglichst zu einhundert Prozent nutzt – also so viele Autos wie möglich durch diese eine Spur passieren lässt.

Ähnlich wie die Baustelle die Kapazität des Gesamtsystems „Autobahn“ limitiert, so limitiert die Engpassressource das Gesamtsystem „Multiprojektunternehmen“. Das Unternehmen kann nur so viele Projekte abwickeln, wie der Engpass es ihm gestattet. Können die Elektronikentwickler von Toggotec nur drei Steuerungsplatinen pro Woche erstellen, kann das Unternehmen wöchentlich eben nur drei Projekte mit diesen Steuerungsplatinen ausliefern. Dies klingt banal. Diese Gesetzmäßigkeit wird bei Toggotec jedoch bislang nicht berücksichtigt. Das führt dazu, dass teilweise dem Kunden eine Platinenkapazität pro Woche zugesagt wird, die fünfmal höher ist als die, die man tatsächlich ohne Störungen hätte erbringen können.

Zusammengefasst: Eine Verringerung des Durchsatzes am Engpass führt automatisch zu einer Verringerung des Durchsatzes für das gesamte Unternehmen. Eine Vergrößerung des Durchsatzes durch den Engpass führt automatisch zu einer Vergrößerung des Gesamtdurchsatzes, solange nicht eine andere Ressource zum Engpass geworden ist.

Handlungsempfehlungen für die Führungskräfte

Aus dieser Erkenntnis leitet das Analyseteam Handlungsanweisungen für die Toggotec-Führungskräfte ab:

- Lokale Messgrößen abschaffen und durch Messgrößen ersetzen, die auf das Gesamtsystem ausgerichtet sind.
- Entscheidungen werden aus Sicht von Toggotec getroffen – nicht aus lokaler Abteilungssicht.
- Der Fokus wird auf die Geschwindigkeit und den Gesamtdurchsatz der Projekte gerichtet.
- Projekte und einzelne Aufgaben werden nicht so früh wie möglich gestartet – sondern erst in dem Moment, in dem alle Voraussetzungen erfüllt sind.
- Maßnahmen werden zuerst sorgfältig geprüft und nicht sofort einem Verantwortlichen zugeordnet
- Nur der physische Engpass soll immer optimal ausgenutzt sein, alle anderen Ressourcen haben sich ihm unterzuordnen. Mehr noch: Die anderen Ressourcen sollen den Engpass so unterstützen, dass er seine ganze Leistungskraft entfalten kann.

3.4 Projektportfolio steuern

So sieht die Lösung aus!

Was bedeuten diese Erkenntnisse für das Multiprojektmanagement? Das Analyseteam macht sich daran, ein Konzept zur Steuerung des Projektportfolios zu erarbeiten. Zunächst ist die Frage, wann Projekte gestartet werden können. Nicht direkt nach dem Auftragseingang, das liegt auf der Hand. Aber wann dann? Zum einen: Ein Mitarbeiter darf nicht mehrere Projekte gleichzeitig bearbeiten, anderenfalls kommt es zum schädlichen Multitasking. Zum anderen: Wird ein Projekt erst gestartet, wenn das vorhergehende abgeschlossen ist, so entstehen große Leerläufe zwischen den Projekten. Die Projekte müssen also so intelligent gestaffelt werden, dass der einzelne Mitarbeiter ein Projekt nach dem anderen bearbeiten kann.

Wer gibt den Takt an, nach dem gestaffelt wird? Welche Ressource bestimmt die Abfolge und das Tempo? Es liegt nahe, die Ressource auszuwählen, die am stärksten von schädlichem Multitasking betroffen ist – also der physische Engpass des Unternehmens.

Engpass gibt den Takt an

Bei Toggotec kommen drei Ressourcen in die nähere Auswahl: Zum einen die Konstrukteure und Elektronikentwickler, die ständig von den Kunden und anderen Mitarbeitern für Fachfragen in Anspruch genommen werden. Zum anderen die Prüfstände, die ständig aufgrund von kurzfristigen Kundenwünschen und Reklamationen umgerüstet werden müssen und aus diesem Grund permanent belegt sind. In einem vierstündigen Workshop entscheidet sich Toggotec, die Elektronikentwickler als Engpass zu definieren. Diese scheinen am stärksten überlastet zu sein, und sie sind oft selbst die Ursache für das Multitasking bei anderen Mitarbeitern, wie beispielsweise den Konstrukteuren.

Der erste Schritt ist getan, der Engpass des Projektportfolios ist identifiziert. Ihn gilt es nun optimal zu nutzen. Das Analyseteam wählt drei gleichartige Projekte aus, die ursprünglich zum gleichen Zeitpunkt gestartet werden sollten. Der Einfachheit halber sind Mitarbeiter und Ressourcen von A bis G als nicht erweiterbar eingestuft. Alle drei Projekte haben den gleichen Stellenwert für die Unternehmensstrategien und jedes Projekt erwirtschaftet eine Million Euro Durchsatz.

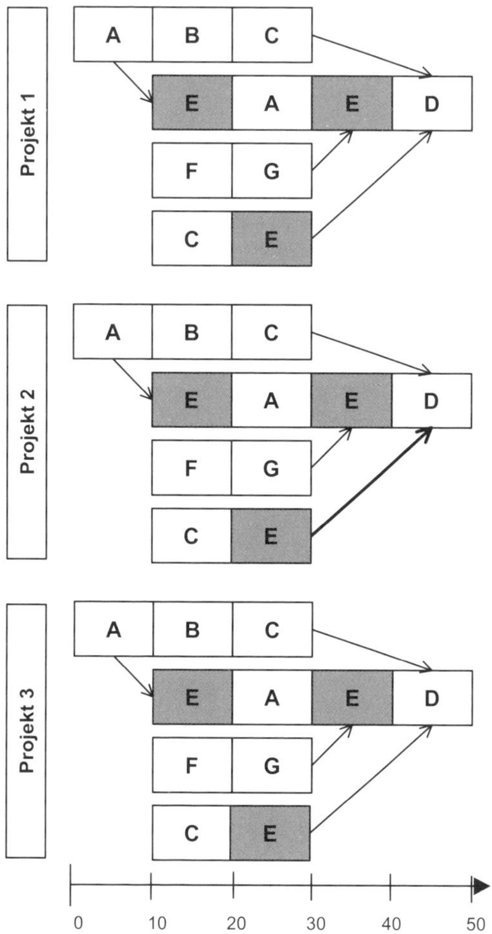

Abbildung 13: Der Elektronikentwickler – die Engpassressource E

Sind die drei Projekt im Hinblick auf den Engpass, also den Elektronikentwickler, gestaffelt, dürfen sie nicht zum gleichen Zeitpunkt starten. Anderenfalls würden alle Mitarbeiter schädliches Multitasking betreiben, insbesondere der Elektronikentwickler.

Deshalb wird die Reihenfolge der Projekte so festgelegt, dass der Engpass optimal durch die Projekte genutzt wird. Der Elektronikentwickler kann seine Aufgaben nacheinander bearbeiten; er hat ständig zu tun, ohne überlastet zu sein oder zwischen zwei verschiedenen Aufgaben springen zu müssen. Die für den Engpass optimale Auslastung – nämlich 100 Prozent – ist erreicht. Nicht nur der Engpass, sondern das ganze Unternehmen arbeitet optimal.

Toggotec entwickelt nun einen Arbeitsplan für den Elektronikentwickler. Aus diesem Plan geht hervor, welche Projekte in welcher Reihenfolge bearbeitet werden. Folgende Abbildung zeigt die gestaffelten Projekte, so dass E die verschiedenen Aufgaben ungestört und ohne schädliches Multitasking nacheinander bearbeiten kann. Auch alle anderen Ressourcen sind nun vom schädlichen Multitasking befreit.

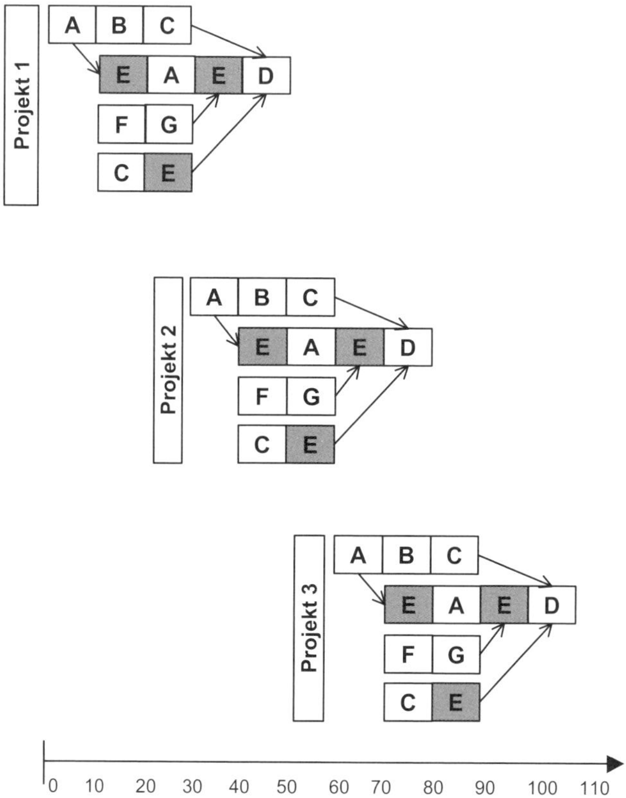

Abbildung 14: Staffeln des Projektportfolios nach dem Engpass

Der Arbeitsplan des Engpasses bestimmt also die Reihenfolge, in der die einzelnen Projekte und Aufgaben gestartet werden. Ihm wird die Planung der Projekte angepasst – und nicht umgekehrt! Der Engpass gibt den Takt an, deshalb wird er auch in der Fachliteratur mit dem englischen Begriff „Drum Ressource“ beschrieben.

Können wir den Engpass – in diesem Beispiel das Arbeitsergebnis des Elektronikentwicklers – beschleunigen, wird das Gesamtsystem – Toggotec – schneller. Arbeitet der Engpass langsamer, arbeitet auch das Gesamtsystem langsamer – was zu weniger Durchsatz führt. Die

Staffelung der Projekte muss sorgfältig geplant werden, damit der Elektronikentwickler weder überlastet wird noch Leerlauf für ihn entsteht.

Projektstaffelung und Arbeitsplan für die Engpassressource sind beschlossen. Doch einen Einwand muss das Analyseteam noch erörtern: Die geplante theoretische Auslastung des Engpasses wird mit der Staffelung der Projekte sichergestellt. Aber was, wenn Störungen dazu führen, dass Aufgaben vor dem Engpass ins Stocken geraten? Dann würde die Engpassressource ruhen mit allen beschriebenen Folgen. Andere Aufgaben könnte sie nicht erledigen, um ggf. dadurch ihren Stillstand zu überbrücken.

Puffer werden eingeplant

Das Analyseteam muss sein Konzept erweitern: Die Mitarbeiter, die dem Engpass vorgeschaltet sind, müssen in jedem Fall rechtzeitig zuliefern. Um dies auch bei Störungen sicherzustellen, wird im Projektplan ein Zeitpuffer eingesetzt.

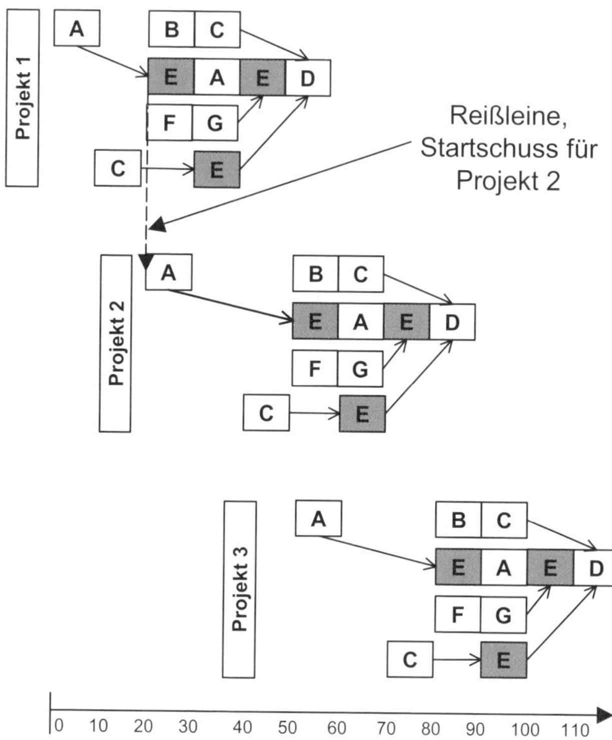

Abbildung 15: Drei Projekte mit „Drum Buffer"

Das heißt, die Mitarbeiter A, B und C fangen mit ihren Arbeiten so spät wie möglich an, wie im vorigen Kapitel beschrieben. Der Projektplan berücksichtigt dabei, dass sie auf jeden Fall noch vor dem geplanten Starttermin des Elektronikentwicklers liefern. Um ungeplante Ereignisse und Störungen berücksichtigen zu können, wird vor den Elektronikentwickler E ein Zeitpuffer gesetzt.

So spät wie möglich starten? Wie wird der richtige Zeitpunkt definiert? Der geeignete Zeitpunkt ergibt sich aus dem Arbeitsfortschritt des Elektronikentwicklers, welcher in seinem Arbeitsplan transparent für alle Abteilungen dargestellt und permanent aktualisiert wird. In der Abbildung 15 ist ersichtlich: Wenn der Elektronikentwickler E mit der Aufgabe für Projekt eins beginnt, bedeutet dies, dass das Projekt zwei starten kann. Es wird quasi eine „Reißleine“ gezogen. Zusammengefasst bedeutet dies, dass der Engpass bestimmt, wann das nächste Projekt gestartet werden kann[2].

Der Puffer vor dem Engpass (engl.: „Drum Buffer“) hat zwei Funktionen: Der Puffer gleicht eine mögliche Verspätung aus, die in den vorangehenden Aufgaben entstehen kann. Bearbeitet der Engpass seine Aufgaben aus vorangegangenen Projekten schneller als geplant, dann kann er dank des Puffers bereits früher mit der nächsten Aufgabe beginnen.

Dieser zusätzliche Zeitpuffer verlängert zunächst den Projektplan. Da in der Realität jedoch Störungen in gewissen Abständen im Projektgeschäft auftreten, führt der Zeitpuffer dazu, dass insgesamt die Summe der Einzelprojekte pünktlicher abgeschlossen werden kann. Der größte Effekt wird dadurch erzielt, dass vor allem Multitasking am Engpass vermieden werden kann. So erfahren die Projekte im Vergleich zu früher eine erhebliche Beschleunigung.

Diese Beschleunigung kann sich aber nur entfalten, wenn sich alle Einzelprojekte dem Engpass, also dem Elektronikentwickler, unterordnen. Denn entscheidend für den Ertrag des Unternehmens wird sein, wie das Projektportfolio gesteuert wird.

Achtung:
Es gilt der Projektmanagementgrundsatz: Das gestaffelte Projektportfolio hat Vorrang vor dem Einzelprojekt. Daher ist es höchst schädlich, einzelne Projekte mit sofortiger Wirkung auf Dringlichkeitsstufe eins zu setzen.

Den Engpass erweitern

Wenn alle bisher beschriebenen Maßnahmen dazu führen, dass der Engpass optimal genutzt werden kann, führt dies bereits zu einer deutlichen Leistungssteigerung im Projektmanagement. Bisher wur-

---

[2] Dieses Prinzip hat Dr. Goldratt in seinem Buch „Das Ziel“ ausführlich beschrieben. Er nennt es „Drum Buffer Rope“.

de nur umorganisiert, keine zusätzlichen Investitionen waren notwenig. Dies ändert sich, wenn der Engpass sich nicht durch die Maßnahmen verschoben hat und der Markt deutlich mehr nachfragt als der Engpass leisten kann.

Wenn das Management der Meinung ist, dass das auch in Zukunft so bleibt, dann hat es Sinn, den immer noch bestehenden Engpass zu erweitern. Bei Toggotec würde also ein zusätzlicher Elektronikentwickler eingestellt werden. Erst zu diesem Zeitpunkt muss investiert werden.

Engpässe können sich wie bereits erwähnt auch verschieben. Angenommen, der bisherige Engpass „Elektronikentwickler" wurde personell verstärkt, er wird also leistungsfähiger – dann kommen möglicherweise die Prüfstände mit der Arbeit nicht mehr nach. Solche Verschiebungen sind, sofern der Projektdurchsatz steigt, normal. Nun gilt es, den neuen Engpass (die Prüfstände) mit den gleichen Arbeitsschritten zu verbessern; also den neuen Engpass zu identifizieren, über dessen bestmögliche Nutzung zu entscheiden, ihm alle anderen Ressourcen unterzuordnen und ihn unter Umständen zu erweitern.

Alles kann und darf zum Engpass des Systems werden – nur nicht die Trägheit! Anderenfalls wird lediglich Stillstand auf einem höheren Niveau erreicht, nicht aber eine ständige Weiterentwicklung des Systems. Dies ist der Prozess der kontinuierlichen Verbesserung – engpassorientiert natürlich.

Ohne Kommunikation keine Projektsteuerung

Welche Mechanismen führen zu den Schwierigkeiten?

Bei Toggotec sind langatmige Statusbesprechungen an der Tagungsordnung. Es wird mehr übereinander als miteinander gesprochen. Jedes Projekt ist praktisch im Verzug, die Ausführungen der Projektleiter gestalten sich abenteuerlich. Aufgrund der lokalen Messgrößen muss sich jeder für die Probleme rechtfertigen. Auch die Abteilungsleiter haben viele Argumente, warum gerade ihr Bereich nicht Schuld an der Misere und den Budgetüberschreitungen sein kann. Letztlich schiebt man dem Kunden die „Schuld" in die Schuhe, dem

Auftraggeber mit seinen überzogenen Forderungen und vielen Änderungswünschen.

Bemerkenswert ist die Agenda der ersten Projektstatusbesprechung, die der neue Geschäftsführer von Toggotec wie folgt gliedert:

Agenda Projektstatusbesprechung

- Information von den Projektleitern (Zeitbedarf: 5 Minuten):
  Wie weit ist das Projekt vorangeschritten?
  Welche Zeitreserven haben wir noch?
  Wer arbeitet gerade an dem Projekt?
  Wer wird der nächste Bearbeiter sein?
  Wie hat sich der Mitarbeiter auf die kommende Aufgabe vorbereitet?
  Wie ist die Stimmung beim Kunden?
  Gibt es Änderungen, die wir an Kunden berechnen können? Wenn ja, in welcher Höhe?
- Information von den Abteilungsleitern (Zeitbedarf: 5 Minuten):
  Wie schreiten die Projekte voran, die Sie bedienen?
  Wer arbeitet von Ihrer Abteilung gerade an welchem Projekt?
  Wer bereitet sich gerade auf eine kommende Aufgabe vor?
  Welche Kapazitätsreserven haben Sie vorgehalten für Störungen und Änderungen?

Ein Raunen geht durch den Besprechungsraum. Die beiden Hauptpunkte Budgeteinhaltung und Kundenprobleme stehen nicht auf der Agenda. Was soll das? Was steht dahinter?

Die Projekt- und Abteilungsleiter können diese Fragen gar nicht beantworten. Sie sind so sehr in Problemen und Kostendenken verstrickt, dass sie den Überblick über das Gesamtprojekt verloren haben. Ihre einzige Chance ist es, sich zusammenzusetzen und gemeinsam zu beraten: Wie wird überhaupt bei uns der Fortschritt des Projektes gemessen? Zeitreserven? Die gibt es bei uns doch schon lange nicht mehr. Wer soll die denn einplanen? Unser (alter) Geschäftsführer würde Pufferzeiten sofort aus den Plänen entfernen.

Die Projektleiter wissen nicht, welchen Mitarbeiter ihr jeweiliger Abteilungsleiter als nächstes in ihrem Projekt einsetzen wird und ob dieser sich bereits vorbereitet hat. Der Abteilungsleiter aber wiederum hat keine Information, wann die nächste Aufgabe starten soll, denn der Projektplan wird schon lange nicht mehr für die Verfolgung von Projekten genutzt. Er hat nur noch Alibifunktion. Die Abteilungsleiter kommen ebenfalls ins Schwitzen, denn auch sie brauchen dringend die Informationen der Projektleiter, um in dem Statusmeeting nicht ihr Gesicht zu verlieren. Allein durch die Agenda des Geschäftsführers werden sie gezwungen, sich im Vorfeld über einzelne Projekte intensiver auszutauchen. Die Statusbesprechung mit dem Geschäftsführer verläuft jedoch nicht zufrieden stellend.

Der Geschäftsführer beauftragt im Anschluss das Analyseteam, zunächst einmal fundierte Projektpläne zu erstellen und Messgrößen zu entwickeln, mit denen gesteuert werden kann. Zudem sollen die Erkenntnisse des Multiprojektmanagements zusammengetragen werden, damit der zu entwickelnde fundierte Projektplan in den Gesamtrahmen eingeordnet werden kann.

Achtung: Staffelläuferprinzip und Kennzahlen

In Multiprojektumgebungen muss ein intensiver Austausch von Projekt- und Abteilungsinformationen stattfinden. Diese Kommunikation hat klare Regeln und wird auch das Staffelläuferprinzip genannt, das wir in Kapitel 5.3 beschreiben.

Die Steuerungskennzahlen für Multiprojektumgebungen, Projektfortschritt, Pufferverbrauch und Status des Projektes erläutern wir ausführlich in Kapitel 6.2 bis 6.4.

Zwischenbericht des Toggotec-Analyseteams

Das Analyseteam von Toggotec reflektiert noch einmal die Erkenntnisse aus dem Multiprojektmanagement.

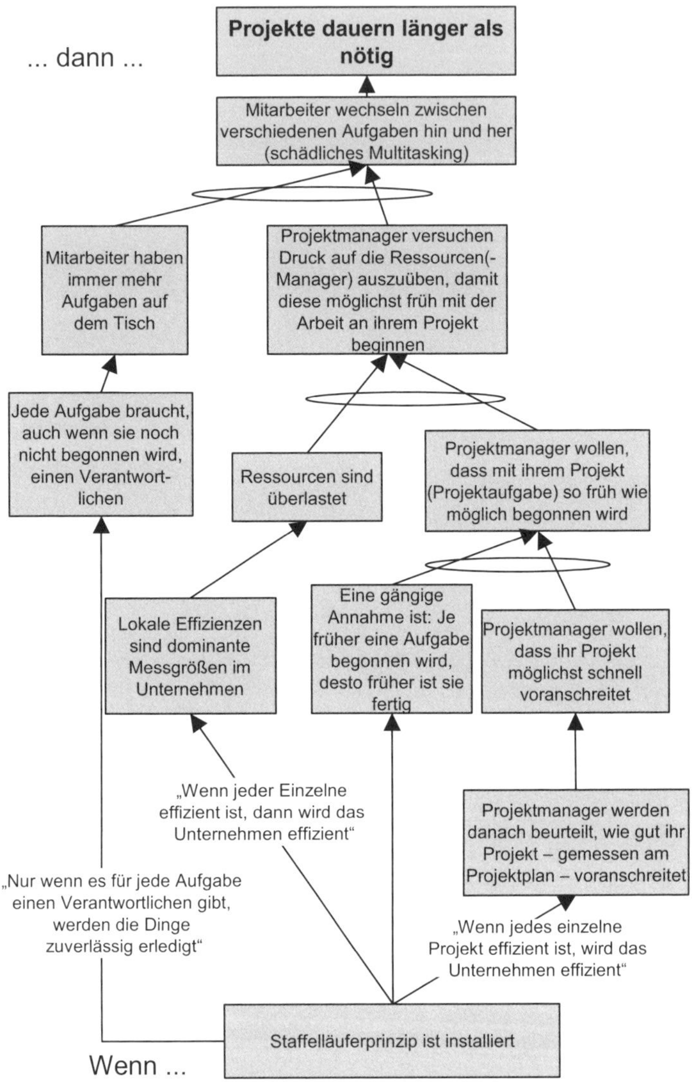

Abbildung 16: Die Ausgangssituation des Multiprojektmanagements bei Toggotec

Sie verwenden hierzu den bereits bekannten Gegenwartsbaum und wandeln diesen nun in einen Zukunftsbaum um. Anstelle der *unerwünschten* Effekte, die ja beim Gegenwartsbaum ganz oben stehen, kristallisieren sich nun – wenn die neuen Lösungsbausteine installiert sind – die *erwünschten* Effekte heraus (vgl. Abbildung 17).

Die Effekte stellen sich wie folgt dar: Wenn die Projekte nach dem Engpass gestaffelt werden und kein schädliches Multitasking mehr betrieben wird, können Projekte erheblich schneller abgewickelt werden. Wenn Projekte schneller abgewickelt werden, kosten sie auch weniger. Mit dem Versprechen des neuen Geschäftsführers, dass Toggotec nicht mehr Projekte annimmt als die Elektronikentwickler bearbeiten können, wird es weniger Störungen geben. Hierdurch wird Toggotec in der Lage sein, alle Zusagen an Kunden einzuhalten, da aufgrund der gestaffelten Projekte und der Zeitpuffer genaue Terminabschätzungen möglich sind – denn durch die Zeitpuffer wird auch berücksichtigt, dass kurzfristige Änderungen und Störungen im Projektgeschäft vorkommen.

Durch die neu eingeführte Kennzahl Durchsatz/Engpasseinheit, die für die Projektauswahl verwendet wird, ist sichergestellt, dass Toggotec nur an lukrativen Projekten arbeitet.

Die Anmerkung des kaufmännischen Leiters bestätigt die positiven Effekte. Nicht nur der Aufwand für die klassische Projektkostenrechnung fällt weg, auch die aufwändigen Kostenberichte pro Bereich entfallen. Dadurch können sich alle Mitarbeiter wieder mehr auf das eigentliche Projektgeschäft konzentrieren.

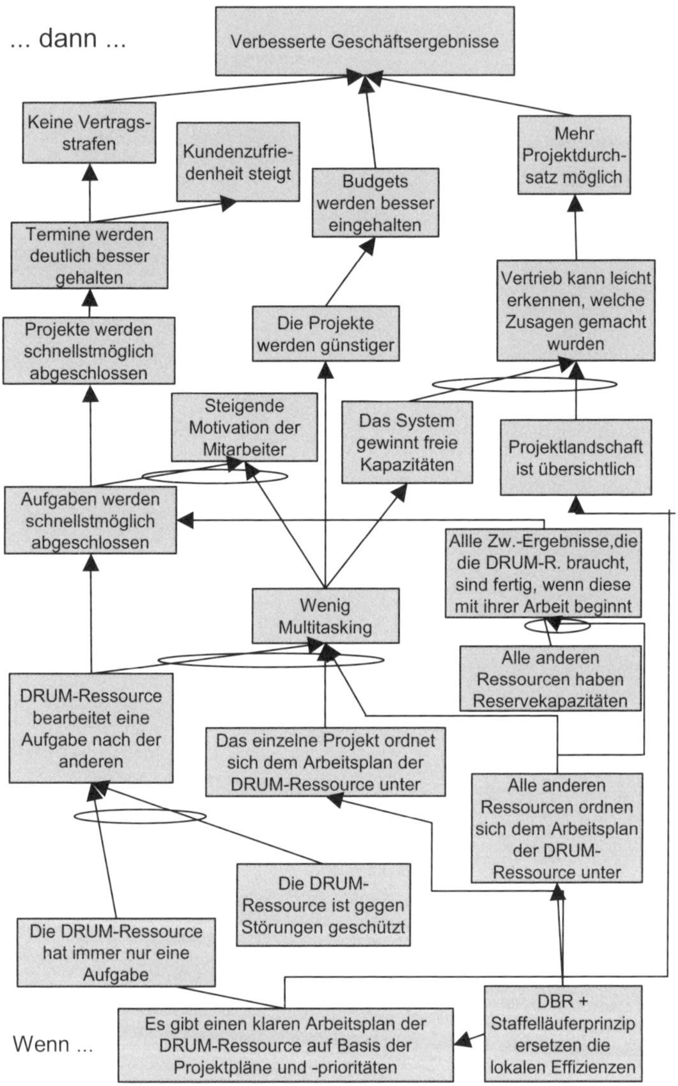

Abbildung 17: Zukunftsbaum Multiprojektmanagement

Der Zukunftsbaum in Abbildung 17 wird gemeinsam erarbeitet und erörtert. Als dieser dem gesamten Führungskreis vorgestellt wird, bekommen alle ein gemeinsames Bild davon, wie die Zukunft aussehen wird.

Wenn das Multiprojektmanagement nach dem Critical-Chain-Ansatz implementiert wird, stellen sich all die oben aufgeführten positiven Effekte ein. Alle Teilnehmer des Workshops sind hoch motiviert. Es ist klar, dass dieser Ansatz aufgrund seiner bestechenden Logik Toggotec zum Erfolg führen kann.

Am Ende des Workshoptages fasst der Geschäftsführer die wesentlichen Punkte der engpassorientierten Vorgehensweise zur ständigen Verbesserung des Gesamtsystems noch einmal zusammen:

- Identifiziere den Engpass – bei Toggotec sind dies die Elektronikentwickler
- Entscheide, wie der Engpass optimal ausgenutzt werden soll. Staffle die Projekte am Engpass, damit kein Multitasking entsteht.
- Ordne alles andere dieser Entscheidung unter. Ordne Projekte und Aufgaben um den gestaffelten Engpass herum an. Toggotec verzichtet auf die Beschleunigung einzelner Projekte zu Lasten des gesamten Projektportfolios.
- Erweitere den Engpass. Ein zusätzlicher Elektronikentwickler wird dann eingestellt, wenn die Auftragslage in den nächsten Jahren als weiterhin so hoch angesehen wird und sich der Engpass nicht bereits aus den Schritten 1–3 heraus verschoben hat.
- Wenn sich der Engpass verschoben hat, beginne bei Schritt 1. Wahrscheinlich werden dann die Prüfstände zum Engpass werden.

Der Geschäftsführer mahnt: Trägheit darf nicht zum Engpass des Systems werden. Also: Wachsam sein, regelmäßig prüfen, ob und wohin sich der Engpass verschiebt. Er lobt das Analyseteam für die gute Vorarbeit. Dieser Zukunftsbaum bringt Transparenz in die Mechanismen von Toggotec.

Soweit die Theorie. Und die Praxis? Wie sieht nun der Implementierungsplan aus? Der Geschäftsführer legt dem Analyseteam einen

Erfahrungsbericht aus seiner vorigen Firma vor. Welche Probleme treten auf? Und wie lassen sich diese Probleme meistern?

3.5 Risiken bei der Implementierung von Critical-Chain-Multiprojektmanagement

Critical-Chain-Projektmanagement kann leicht im Unternehmen erklärt und vermittelt werden. Die Herausforderung ergibt sich durch die Art und Weise, wie die Implementierung durchgeführt wird.

Gefahr Pilotprojekt

Wie sieht eine Lösung zur Vorgehensweise aus?

Der herkömmliche Weg, Projektmanagement in Organisationen einzuführen bzw. zu verbessern, führt über das sogenannte „Pilotprojekt“. Die „klassische“ Strategie: Ein für das Unternehmen typisches Projekt wird als Pilot definiert, und an diesem Piloten werden dann alle neuen Standards getestet. Bewähren sich die neuen Ansätzen und Methoden, werden sie dann auf alle Projekte übertragen.

Didaktisch gesehen führt der Weg vom Kleinen zum Großen. Diese Strategie mag manchmal von Vorteil sein. Aber: Die meisten Probleme im Projektmanagement ergeben sich nicht bei der Durchführung eines einzelnen Projektes. Sie ergeben sich bei der Durchführung aller Projekte. Gut ausgearbeitete Standards, die perfekt im Einzelprojekt funktionieren, können in einer Multiprojektumgebung schnell versagen. Und in dieser Umgebung stößt das klassische Projektmanagement an seine Grenzen.

Dieser Gefahr gilt es bei der Einführung von Critical-Chain-Multiprojektmanagement vorzubeugen. Deshalb wird empfohlen, den Weg vom Großen (Globalen) zum Kleinen (Lokalen) zu gehen, also zunächst die Standards und Paradigmen der Multiprojektmanagementumgebung zu verändern – und erst dann den Einzelprojektstandard zu verbessern.

Diese Vorgehensweise kommt auch der Praxis in vielen Unternehmen entgegen. Entscheidungen werden in der Regel zunächst strategisch – also mit globalem Horizont – entschieden. Erst danach bilden sich die Freiräume für die lokalen Entscheidungen und führen zur Umsetzung.

Gefahr: Fehlende Rückendeckung

Ohne Zustimmung und „Rückendeckung" der Geschäftsleitung gibt es keine Verhaltensänderung im Unternehmen. Ein Eingriff in das Projektmanagement fordert dies jedoch. Er kann daher ohne die aktive Beteiligung der Geschäftsleitung nicht gelingen. Die Geschäftsleitung muss Ansatz und Methodik von Critical Chain erfassen und in ihre strategischen Überlegungen mit einbeziehen; nur dann kann beispielsweise im ersten Schritt ermittelt werden, welche Projekte nicht zum Unternehmen passen (siehe Kapitel 2).

Gefahr: Aufwändige Engpassermittlung

Es hilft kaum, den Engpass auf Basis von Daten ermitteln zu wollen. Vermeintlich stichhaltige Zahlen beruhen in Projekten in erster Linie auf Schätzungen und Daten aus der Vergangenheit. Eine solche Datenbasis führt kaum zu den gewünschten Ergebnissen. Im Gegenteil: Der Versuch, auf diesem Weg den Engpass zu identifizieren, wird den Skeptikern Argumente an die Hand geben.

Der Engpass kann normalerweise leicht an den Stapeln unerledigter Aufgaben und halbfertiger Aufträge erkannt werden. Sind diese Stapel aber in vielen Abteilungen anzutreffen, erfordert es eine intensivere (und schwierige) Suche nach dem Engpass. Wer kann zuverlässig Auskunft geben – und wer nicht?

Der Weg über die Befragung der Mitarbeiter, die eventuell den potenziellen Engpass verantworten, hat teilweise negative Auswirkungen. Einige befragte Mitarbeiter werden sich rechtfertigen: Ihr Einfluss sei zu gering, ihnen fehlten die Mittel, den Engpass zu beseitigen; sie schieben den „schwarzen Peter" anderen Abteilungen zu.

Zudem befürchten sie, durch das Eingeständnis, „der Engpass zu sein“, zusätzlich unter Druck zu kommen.

Ein anderer Effekt kann beobachtet werden, wenn sich manche Bereiche gerade darum bewerben, den Engpassstatus zu erhalten. Sie erhoffen sich davon jene Entlastung, die sie bisher nicht erhalten haben.

Auch die Befragung von Abteilungs- und Bereichsleitern muss nicht zu einem eindeutigen Ergebnis führen. Der Controller identifiziert möglicherweise einen Bereich als Engpass, in dem wiederholt Überstunden geleistet werden. Der Einkaufsleiter bezeichnet möglicherweise jenen Bereich als Engpass, aus dem ihn häufig dringende Materialanforderungen oder Aufträge für Fremdleistungen erreichen. Ob die Antworten stichhaltig sind und weiterführen, sei dahingestellt.

Projektmanager wissen, wo die Ressourcen fehlen

Am besten können die Projekt- und Multiprojektmanager Auskunft geben. Sie kämpfen um die Ressourcen und wissen, an welchen Stellen ihr Projekt „hakt“. Die an die Projektleiter zu richtende Frage lautet: An welcher Stelle im Unternehmen stocken die Projekte am häufigsten? Wo wird viel schädliches Multitasking betrieben? Die Chancen stehen gut, mit diesen Fragen die Engpassressource zu ermitteln. Nennen die Projektleiter gleich mehrere „Kandidaten“ für den Engpass, wird die Ressource gewählt, die typischerweise am Projektanfang eingesetzt wird. Bezeichnen die Projektleiter dagegen übereinstimmend ein und dieselbe Ressource als Engpass, dann kann diese Ressource auch als Engpass angenommen werden.

„Wandernder" Engpass

Manchmal scheint der Engpass ständig zu „wandern“. Dies bedeutet nicht, dass tatsächlich unterschiedliche Ressourcen den Engpass bilden. Sondern die geltenden Regeln der in Kapitel 3.2 beschriebenen lokalen Effizienzen haben ein Übermaß an Multitasking und unnützen Aktivitäten im System bewirkt. Fast überall sind die Mitarbeiter überlastet; das Paradigma „Jeder muss ständig beschäftigt sein“ wirkt auf breiter Basis. In diesem „Multitasking-Grundrauschen“ lässt sich der Engpass nicht aufspüren. Was nun?

Eine Ressource, die möglichst am Anfang in den Projekten zum Einsatz kommt, wird als Engpass bestimmt. Sind die Critical-Chain-Prinzipien im Unternehmen verankert, zeigt sich schnell, ob sich an der vorübergehend angenommenen Engpassressource die Arbeiten tatsächlich stauen. Falls nicht, wird die nächstliegende Ressource als Engpass „getestet“. Eine endlos anmutende Reihe von Experimenten ist bei dieser Methodik übrigens nicht zu erwarten. In der Regel ist spätestens der zweite oder dritte Versuch ein „Treffer“.

Auf der Suche nach Engpässen sollte der Versuchung widerstanden werden, ganze Bereiche und Abteilungen als Engpass zu benennen. Der Engpass kann – wenn es sich um einen Mitarbeiter, Prüfstand oder Ähnliches handelt – immer klar abgegrenzt werden.

Einige Engpassbeispiele aus anderen Unternehmen:

- die Hardwareentwickler (bei einem Transformatorenhersteller für die Transportindustrie)
- die Prüfstandskonstrukteure (in einem Unternehmen, das Prüfstände entwickelt und baut)
- die Klimakammern (in einem Unternehmen, das hydraulische Antriebe für die Automobilindustrie entwickelt und produziert)
- die Elektronikentwickler (bei einem Sensorenhersteller für die Automobilindustrie)
- die Softwareentwickler (bei einem Softwareanbieter)
- die Marktnachfrage (im Bereich Werkzeug/Formenbau, in der Automobilindustrie)

Gefahr: Die Bedeutung der Engpassressource wird unterschätzt

Der Arbeitsplan für die Engpassressource entsteht auf Basis der Pläne jener Projekte, die diesen Engpass passieren müssen. Alles andere hat sich diesem Engpass unterzuordnen. Das hört sich theoretisch einfach an. Dahinter verbirgt sich jedoch meistens eine massive Veränderung der Organisation.

Bei Toggotec beispielsweise sind die technischen Zeichner von der Abteilung „Mechanische Entwicklung“ zur Abteilung: „Elektronikentwicklung“ gewechselt. Arbeitszeiten werden so verändert, dass kein Leerlauf im Engpass entsteht. Die Elektronikentwickler und die Mitarbeiter an den Prüfständen haben daher ein anderes Arbeitszeitmodell. Hier muss, soweit vorhanden, der Betriebsrat mit eingebunden werden. Weiterhin haben die Mitarbeiter in der Elektronikabteilung kein Telefon mehr am Arbeitsplatz. Es gibt feste Sprechzeiten. Auch der E-Mail-Verkehr wird in diesem Bereich von einer anderen „E-Mail-Policy“ begleitet. Dies sind einige Gründe, warum Critical Chain nur mit der eindeutigen Unterstützung der Geschäftsleitung umgesetzt werden kann.

Der Arbeitsplan für den Engpass ist „Chefsache"

1. Die Geschäftsleitung definiert die Reihenfolge der Projekte – unter Berücksichtigung jener Termine, die Kunden bereits zugesagt wurden.
2. Die Projektleiter liefern Projektpläne, aus denen hervorgeht, wann und in welchem Umfang der Engpass benötigt wird. Für die erste Erstellung des Arbeitsplanes sind noch keine endgültigen, „perfekten" Projektpläne erforderlich. Wichtig: Aus den Projektplänen muss ersichtlich sein, was der Engpass jeweils leisten soll und wann diese Leistung voraussichtlich benötigt wird.
3. Der Abteilungsleiter der Engpassressource erstellt auf Basis der Projektpläne einen Arbeitsplan.
4. Die Projektleiter passen ihre Pläne dem Arbeitsplan des Engpasses an und fügen vor dem Einsatz der Engpassressource einen Zeitpuffer in den Projektplan ein. Die Größe des Zeitpuffers wird in folgendem Abschnitt erläutert.
5. Projekt- und Abteilungsleiter erörtern mit der Geschäftsleitung die Konsequenzen, die sich aus den Planungen für jene Termine ergeben, die bereits den Kunden versprochen wurden.
6. Die Geschäftsleitung legt die Reihenfolge der Arbeiten der Engpassressource fest. Es hilft allerdings wenig, mehrere Projekten, die gleichzeitig den Engpass benötigen, mit der Priorität „A" zu versehen.

Die Erfahrung hat gezeigt, dass die Aufgaben der Engpassressource sorgfältig und gut abgestimmt werden müssen. Jedoch wird es keinen perfekten Arbeitsplan im Engpass geben. Entscheidend ist jedoch die Transparenz des Planes, damit sich die anderen unterordnen können. Der Arbeitsplan gibt den Takt für die anderen Arbeiten an.

Gefahr: Zeitpuffer nicht richtig dimensioniert

Die Größe des Zeitpuffers hängt ab vom Sicherheitsbedürfnis des Unternehmens und wurde in Kapitel 3.4 beschrieben. Wie immer er gewählt wird – er darf weder zur kurz noch zu lang sein. Ein zu kleiner Sicherheitsbestand kann zum Stillstand der Engpassressource führen, wenn die Mitarbeiter, die dem Engpass vorgelagert sind, zu spät liefern. Ein Stillstand im Engpass führt zum Stillstand des Projektes, und dieser muss vermieden werden. Ein zu großer Sicherheitsabstand erhöht den Bestand an nicht abgeschlossener Arbeit. Der Stapel halberledigter Aufgaben auf dem Schreibtisch wächst. Der Überblick geht verloren, Prioritäten werden nicht mehr richtig gesetzt. Fazit: Die Durchlaufzeit der Projekte nimmt zu – und die Gefahr des Multitaskings steigt wieder an.

Die Spannbreite zwischen einem zu kleinen und einem zu großen Puffer ist jedoch groß. Bereits nach zwei Projekten wird der verantwortliche Abteilungsleiter des Engpasses die Dimension des Zeitpuffers gut einschätzen können.

Gefahr: Prioritäten müssen verändert werden

Erfordern es die äußeren Umstände, so muss es natürlich möglich sein, Projektpläne zu verändern. Dies gilt auch für die Priorisierung der Projekte, und es gilt zudem für den Arbeitsplan der Engpassressource. Solche Änderungen lassen sich gut berücksichtigen – sofern die Kommunikation gemäß dem Staffelläuferprinzip (vgl. Kapitel 5.3) praktiziert wird und die Engpassressource ihre begonnene Arbeit noch abschließen kann, also nicht unterbrochen wird.

Auch bei Toggotec gab es in der Vergangenheit die wichtigen und sofort durchzuführenden Aufgaben. Diese brachten in der Regel alle anderen Pläne durcheinander. Öfters stellte sich dann heraus, dass die zunächst dringende Aufgabe am nächsten Tag schon wieder hinfällig war. Dann musste wieder umgeplant werden.

Damit dies nicht den Engpass trifft, dürfen sich Änderungen im Arbeitsplan der Engpassressource nur auf die Reihenfolge der zukünftigen und noch nicht gestarteten Aufgaben beziehen. Laufende Arbeiten dürfen nicht angetastet und gestört werden, anderenfalls entsteht Multitasking. Halten sich alle an die Regel, so tritt die geänderte Projektpriorisierung mit verzögerter Wirkung ein und beunruhigt das Unternehmen deutlich weniger als früher. Dies bewahrt das Unternehmen vor hektischen Aktionen.

Es lässt sich auch bei bester Planung nicht ganz ausschließen, dass zwei (oder mehr) Projekte zur gleichen Zeit die Engpassressource benötigen. Ursache für diese Entwicklung können Zeitverzögerungen, Änderungswünsche der Kunden oder externe Einflüsse sein. In solchen Fällen werden Prioritätsentscheidungen anhand des Projektstatus getroffen, die im Kapitel 6 beschrieben sind. Die Statusberichte machen deutlich, wie sicher ein Projekt im Zeitplan liegt und wie sicher es im Vergleich zu anderen Projekten abschneidet. Hieraus wird dann ersichtlich, zugunsten welches Projekts die Ressourcenentscheidung getroffen werden muss.

Gefahr: Engpass nicht genügend geschützt

Der Engpass begrenzt die Leistungsfähigkeit des Unternehmens. Doch einmal aufgespürt und optimal genutzt, gestattet er dem Unternehmen enorme Fortschritte. Dies bedeutet: Die Engpassressource als kostbarste Ressource in der Organisation darf nicht verschwendet werden. Sie muss von allen Aufgaben entlastet werden, die sie nicht unbedingt selbst bearbeiten muss. Die Engpassressource muss sich auf ihre Kernaufgaben konzentrieren können; alle anderen Aufgaben werden delegiert. Der Engpass wird also geschützt.

Eine Schutzstrategie ist bereits bekannt: Die Projekte werden so gestaffelt, dass die Engpassressource eine Aufgabe nach der anderen abarbeiten kann und sich nicht verzettelt. Führt ein Unternehmen mehr als fünf größere Projekte durch, lohnt sich der Einsatz einer geeigneten Planungssoftware (Empfehlungen für Critical-Chain-Software finden Sie auf der CD). Sie staffelt die Projekte automatisch. Der Plan braucht nur noch allen Projektleitern und Projektteammitarbeitern per Aushang mitgeteilt zu werden.

Diese Staffelung steht im Konzept zwar an zentraler Stelle, sie reicht aber für den Schutz nicht aus. Das Unternehmen ist gefordert, die Engpassressource gegen alle unnötigen Störungen abzuschirmen. Dafür werden weitere ergänzende Regelungen benötigt; Regelungen, die je nach Aufgabenbereich und je nach Unternehmenskultur unterschiedlich sind.

Beispiele für den Schutz des Engpasses:

Die Konstrukteure eines Sensorenherstellers werden in einem ruhigen Gebäudeteil untergebracht. Die Mitarbeiter, allen voran der „Engpasskoordinator", schirmen sie gründlich gegen Störungen ab, beispielsweise gegen unnötige Rückfragen von anderen Mitarbeitern. Eingehende Telefonate für die Engpassressource werden zum Engpasskoordinator oder zum Multiprojektmanager umgeleitet. Der Engpasskoordinator filtert und sortiert eingehende Mails. Für Mitarbeiter sind die Konstrukteure nur in einer „Sprechstunde" zu erreichen. Diese Sprechstunden werden, so zeigt sich, nur für wichtige Anlässe genutzt. Eine halbe Stunde vor der Mittagspause als Sprechstunde reicht völlig aus – wenn auch zunächst Bedenken geäußert wurden. Im Nachhinein erweist sich, dass diese 30 Minuten für unerlässliche Anfragen ausreichen; andere, weniger dringende Angelegenheiten scheinen sich dann von alleine zu erledigen

In dieses „Schutzprogramm" für den Engpass ist das gesamte Unternehmen eingebunden. Alle Mitarbeiter müssen bei ihrer eigenen Arbeit bestimmte Regeln im Umgang mit ihren Ressourcen befolgen. Beispielsweise müssen Zulieferungen, die der Engpass benötigt, bevorzugt behandelt werden. Wie zuverlässig und schnell Unterstützungsleistungen von anderen Abteilungen erbracht werden, entscheidet darüber, wie schnell das Projekt voranschreitet.

Damit die Zulieferungen pünktlich und zuverlässig funktionieren, muss der Arbeitsplan der Engpassressource öffentlich gemacht werden. Hierzu zwei Beispiele:

Beispiel aus dem Einkauf:

Den Einkauf erreichen zwei Anfragen, eine von der Engpassressource, die andere vom Geschäftsführer persönlich. Will der Einkäufer mit Rücksicht auf das „Gesamtsystem Unternehmen" handeln, muss er die Engpassressource zuerst bedienen; hat sein Vorgesetzter die Prinzipien von Critical Chain verstanden, wird er Verständnis für diese Entscheidung zeigen.

Beispiel aus der Produktion:

In der Produktion hält ein Unternehmen zwei Maschinen bereit, eine teure, computergestützte Maschine und eine 25 Jahre alte Drehmaschine. An der Drehmaschine werden Teile für einen Prototyp erstellt, den die Engpassressource „Prüfstand" benötigt. Beide Maschinen arbeiten fehlerhaft. Nach herkömmlicher Rechnung müsste zunächst die teure Maschine repariert werden (höherer Maschinenstundensatz). Nach den Regeln von Critical Chain hat nun die Reparatur der alten Drehmaschine höhere Priorität.

Gefahr: Fertige Critical-Chain-Multiprojektmanagementlösung präsentieren

Weshalb hat das Analyseteam die ganzen Untersuchungen durchgeführt? Weshalb hat der neue Geschäftsführer nicht gleich den Lösungsansatz auf den Tisch gelegt? Seine Gedanken hierzu leuchten ein:

Eine fertige Lösung von außen hätten die Mitarbeiter und Führungskräfte nicht akzeptiert. Dadurch, dass die Probleme, Konflikte und Hintergründe in der Umgebung von Toggotec von Mitarbeitern und Führungskräften selbst erarbeitet werden, entsteht eine innere Bereitschaft für die Veränderung.

Wichtig ist also eine Sensibilisierung, die bei der Analyse der Ausgangssituation beginnt und in die dann die Lösungsbausteine des Critical-Chain-Ansatzes unter der fachlichen Anleitung des Analyseteams integriert werden. Experten, die moderieren, können dabei hilfreich sein, den bekannten Ratschlag mit dem Zeigefinger braucht Toggotec jedoch nicht.

Nach ca. fünf Monaten wird der Hebel umgelegt. Die Projekte werden sich nicht mehr behindern. Eine alte Last kann dann endlich über Bord geworfen werden.

Doch der Geschäftsführer lässt dem Analyseteam keine Ruhe. Die Schnelligkeit und Zuverlässigkeit in den Projekten kann Toggotec durch das neue Multiprojektmanagement steigern, gewiss. Doch werden noch erhebliche Potenziale im Einzelprojekt vermutet, und an diesen Potenzialen setzt das Analyseteam nun an. Auch sie sollen erschlossen werden.

4 Ergebnisorientierte Projektplanung

Das Analyseteam untersucht die einzelnen Projektpläne. Es stellt fest: Die Projektpläne bei Toggotec sind lückenhaft und zum größten Teil realitätsfern. Einige haben unlogische Verbindungen zwischen Vorgänger- und Nachfolgerbeziehungen, in anderen Arbeitspaketen stimmen die geschätzten Zeiten mit der Realität nicht überein. Auch findet das Team noch veraltete Technologien in den Plänen, nach denen schon lange nicht mehr entwickelt wird. Zu allem Überfluss gibt es in manchen Projekten vier bis sechs verschiedene Projektpläne, einen vom Kunden, einen von Toggotec, einen, der der Startphase angepasst wurde usw.

Besonders dann, wenn ein Standardprojektplan übernommen wird, weist die Anpassung meistens erhebliche Fehler auf. Die Projektleiter haben zum einen nicht die Zeit, um die benötigten Informationen einzuholen, und es stehen ihnen zum anderen auch nicht die notwendigen Mitarbeiter zur Verfügung. So sind sie bei der Erstellung des Projektplans, vor allem mit den Entwicklungs- und Produktionsdetails, mehr als überfordert.

Nimmt man derart unrealistische Projektpläne als Basis für den Critical-Chain-Ansatz, kann keine Verbesserung erzielt werden. Es nützt wenig, Zeitpuffer zu setzen und Projekte zu staffeln, wenn der Projektplan nicht stimmt. Denn jeder Projektmanagementansatz setzt korrekte Projektpläne voraus.

4.1 Projektkultur verhindert den realistischen Projektplan

Welche Mechanismen führen zu den Schwierigkeiten?

Wenn bei Toggotec eine Projektanfrage eines Kunden eintrifft, läuft die Anfragebearbeitung wie folgt ab: Der Kunde teilt dem Vertriebsmitarbeiter seinen Projektendtermin mit. Der Kunde von Toggotec ist in seinem eigenen Unternehmen wiederum Mitarbeiter, beispielsweise als Einkäufer. Und in seinem eigenen Unternehmen will der Kunde als zuverlässiger Mitarbeiter gelten; er wird daran gemessen, ob er die Ware seines Lieferanten rechtzeitig beschaffen kann. So wird der Einkäufer einen Zeitpuffer in seiner Planung einbinden und seinen Termin entsprechend setzen.

Der Vertriebsmitarbeiter von Toggotec sagt seinem Kunden den Projektendtermin zunächst zu. Auch er will sich absichern und fügt ebenfalls einen kleinen Sicherheitspuffer ein, z. B. für eventuell auftretende Abnahmeschwierigkeiten usw. Nun geht der Vertriebsmitarbeiter mit dem neuen Auftrag in die Auftragsklärung. dort schüttelt man in der Regel den Kopf, da der Termin mit den ganzen Sonderlösungen fast nicht zu realisieren ist. Das Projekt wird nun intern geplant.

Der Toggotec-Einkäufer nennt seine Liefertermine für die Zukaufteile und das Rohmaterial. Er wird daran gemessen, wie günstig er einkauft. Wie lange die günstige Beschaffung neuer und unbekannter Teile dauert, das kann er nicht sicher kalkulieren. Also fügt er für sich und seine Abteilung ebenfalls einen kleinen Zeitpuffer ein.

Der Produktionsleiter addiert ebenfalls einen Zeitpuffer, da manche Teile noch nie gefertigt wurden. Die Produktion wird an Stückzahl und Produktivität gemessen, folglich will er nicht sofort seine laufende Serienfertigung unterbrechen. Er fügt für sich einen weiteren kleinen Zeitpuffer ein, damit im Falle eines Falles seine Produktivitätskennzahl nicht zerstört wird. So geht es weiter: Jeder Bereich, der dem Projekt zuarbeitet, fügt „persönliche" Zeitpuffer ein, um sich abzusichern und den Kennzahlen zu genügen. Zu guter Letzt packt der Projektleiter, der ja hauptsächlich an den Kosten und der Termineinhaltung gemessen wird, ebenfalls noch einen kleinen Puffer drauf.

Der intern errechnete Termin weicht nun vom Kundenwunschtermin oftmals um 30 bis 70 Prozent ab. In dieser Situation gibt dann bei Toggotec meistens eine hohe Führungskraft die Devise aus: „Wenn das der Wettbewerb so anbietet, dann schaffen wir das auch!“ und legt den Endtermin kraft Amtes fest. Jetzt glaubt niemand mehr an den so zustande gekommenen Projektplan. Jeder sichert sich ab. Das große Rechtfertigungsspiel startet. Das Projekt wird ohnehin nicht pünktlich fertig werden, zumindest in diesem Punkt sind sich alle einig.

Fazit: Niemand glaubt an die Umsetzung des „realistischen“ Projektplans, daher verwenden Projektleiter einen beliebigen alten Standardplan und passen ihn in kurzer Zeit an. Niemand sieht sich gefordert, einen exakten Projektplan auszuarbeiten; dieser würde ohnehin realitätsfern sein.

Auswirkungen „falscher" Abhängigkeiten

Das Analyseteam untersucht nun detailliert, wie die Projektpläne bei Toggotec bisher erstellt wurden. Nachdem die Projektziele klar beschrieben sind, wird ein Projektstrukturplan aufgestellt. Der Projektplaner zerlegt dann die große Projektaufgaben in immer kleinere Aufgaben – bis hinunter auf die Ebene der Arbeitspakete. Diese Arbeitspakete werden dann mit einer Zeit- und Aufwandsschätzung versehen, um sie anschließend in eine zeitliche Reihenfolge zu bringen.

Hierbei werden häufig notwendige Aufgaben vergessen, weil es keine Instrumente für einen Vollständigkeitscheck gibt. Die Projektleiter gehen von einer Idealsituation aus und kalkulieren Schwierigkeiten und Stolpersteine nicht mit ein. Unnötige Aufgaben werden dagegen eingeplant („Das haben wir schon immer so gemacht!“). Manchmal beruft sich der Projektleiter auch auf die Projektmanagementstandards im Handbuch. Er übersieht dabei wichtige Abhängigkeiten zwischen Arbeitspaketen, weil schon ein relativ kleines Projekt eine unüberschaubare Vielzahl theoretisch möglicher Abhängigkeiten aufweist.

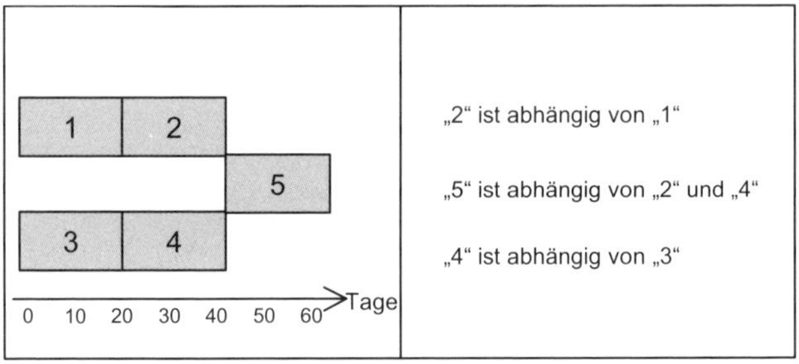

Abbildung 18: Falsche Abhängigkeiten, Teil 1

Welche Mechanismen führen zu den Schwierigkeiten?

Angenommen, in einem Projektplan werden die Abhängigkeiten „richtig“ erkannt und abgebildet. Durch einen kleinen Fehler in der Projektplanung kann es jedoch dazu kommen, dass eine Abhängigkeit übersehen wird. Genauso gut kann aber auch eine Abhängigkeit definiert werden, die gar nicht notwendig wäre. In Abbildung 18 wird ein kurzer Projektplan abgebildet. Angenommen, es wird versehentlich die Aufgabe 4 als zusätzliche Voraussetzung für die Aufgabe 2 definiert. Dann sähe der Projektplan plötzlich so aus und die Projektlaufzeit verlängerte sich deutlich:

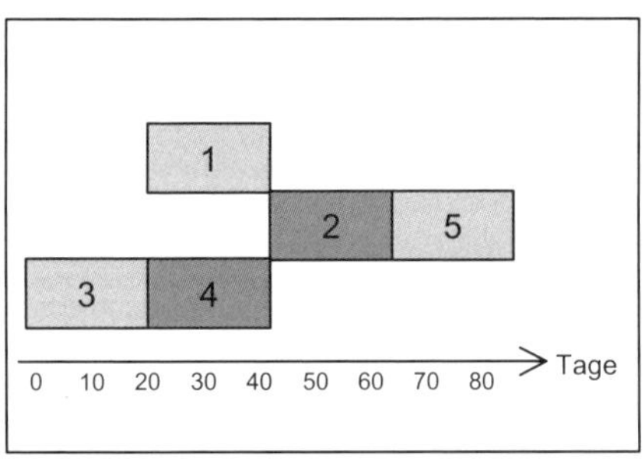

Abbildung 19: Falsche Abhängigkeiten, Teil 2]

Solche „kleinen" Fehler kommen bei Toggotec oft vor, da:

- es schon bei 150 bis 200 Aufgaben innerhalb eines Projektes tausende möglicher Abhängigkeiten gibt;
- die eingesetzte Projektmanagementsoftware kein systematisches Vorgehen zum Erkennen und Definieren von Abhängigkeiten beinhaltet;
- die systematische Definition von Abhängigkeiten kein Bestandteil der Ausbildung von Toggotec-Projektleitern ist.

Projekt ROBI

Das Analyseteam sucht sich aus den Projektplänen das Projekt ROBI für die weitere Analyse aus. ROBI ist ein Projekt, bei dem bereits eine Folgeanfrage vorliegt, sozusagen ROBI 2. Daher lohnt es sich doppelt, dieses Projekt genauer zu untersuchen. Im Projektplan für ROBI ist eine Abhängigkeit nicht dargestellt worden. Im Folgenden ein Auszug aus dem Projektplan ROBI 1:

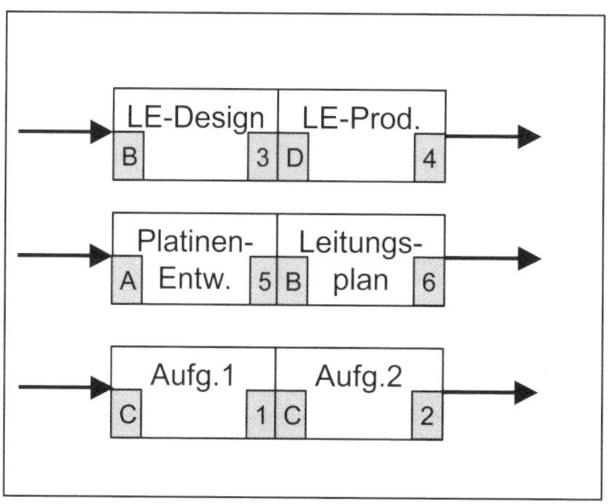

Abbildung 20: Auszug aus dem Projektplan ROBI 1

In diesem Projekt sind die Mitarbeiter B und C wie folgt eingeplant:

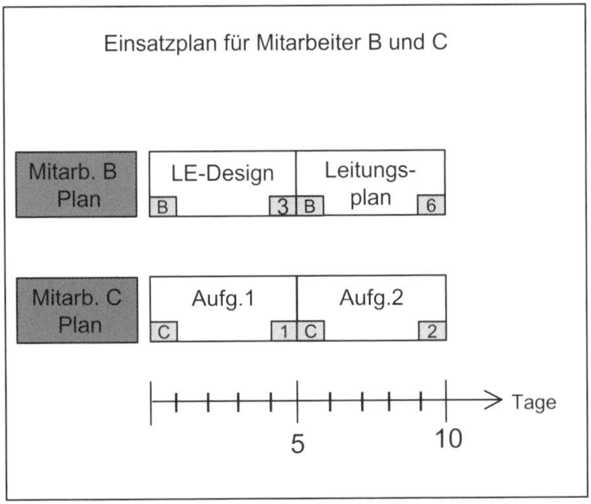

Abbildung 21: Arbeitsplan für die Mitarbeiter B und C

In der Woche 1:

Mitarbeiter C beginnt mit der Aufgabe 1 und stellt nach zwei Tagen fest, dass er zum Weiterarbeiten den Leitungsplan benötigt. Diese Verbindung ist im Projektplan allerdings nicht berücksichtigt.

Mitarbeiter C fragt nun den Mitarbeiter B nach dem Leitungsplan. Mitarbeiter B steht vor der Entscheidung,

- am LE-Design (Aufgabe 3) weiterzuarbeiten, damit D rechzeitig mit der LE-Produktion (Aufgabe 4) beginnen kann oder
- das LE-Design zu unterbrechen, damit C möglichst schnell mit Aufgabe 1 weiterarbeiten kann. Da Mitarbeiter D noch nicht angefragt hat, könnte B sich entscheiden, zunächst am Leitungsplan zu arbeiten.

So beginnt das Multitasking bei Mitarbeiter B. Mehrere Aufgaben werden parallel bearbeitet. Gleichzeitig entsteht Multitasking bei C, da dieser sich einer anderen Aufgabe zuwenden muss.

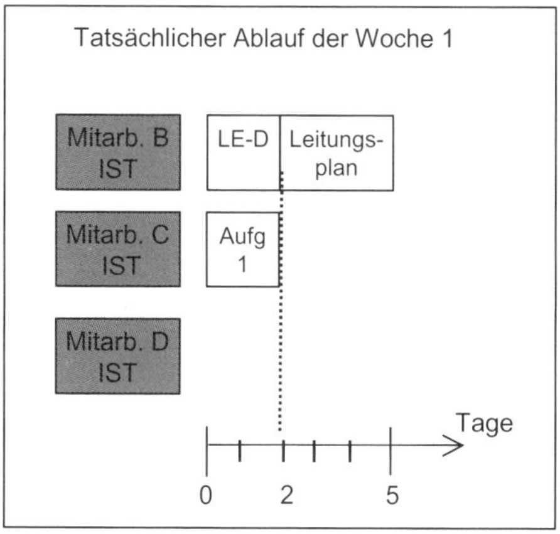

Abbildung 22: Tatsächlicher Ablauf der ersten Woche

Am Montag der zweiten Woche will nun der Mitarbeiter D mit der LE-Produktion beginnen und fragt bei B nach dem fertigen LE-Design.

Mitarbeiter B ist verwundert, dass D schon beginnen will, und teilt D mit, dass er das LE-Design noch nicht abgeschlossen hat, und zwar wegen anderer Prioritäten.

Mitarbeiter B hat den Leitungsplan noch nicht ganz abgeschlossen, aber übergibt diesen schon an C, damit C mit Aufgabe 1 fortfahren kann. Dann setzt B mit Hochdruck die Arbeit am LE-Design fort und übergibt dieses an Mitarbeiter D, der so mit vier Tagen Verspätung die LE-Produktion startet.

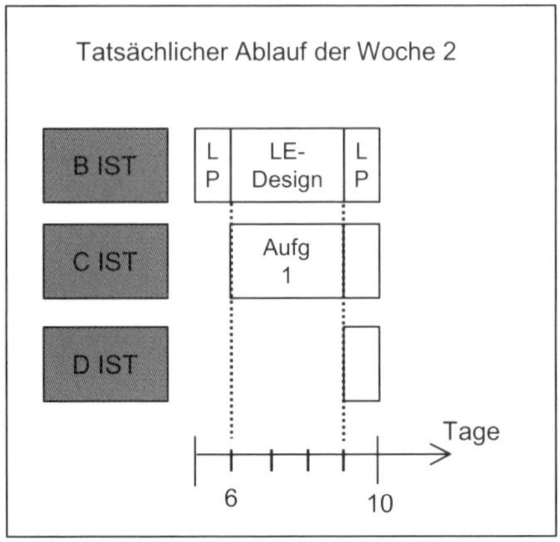

Abbildung 23: Tatsächlicher Ablauf der zweiten Woche

In der Woche 3:

Nun hat Mitarbeiter B Zeit, den Leitungsplan fertigzustellen. Dabei wird er einige Male durch seinen Kollegen D unterbrochen und stellt fest, dass es in seiner Konzeption des Leitungsplanes einige Fehler gibt, die er nun sehr sorgfältig ausräumt. Als er damit fertig ist, übergibt er den fertigen Leitungsplan an C. Mitarbeiter C hatte die Aufgabe 1 bereits abgeschlossen und mit Aufgabe 2 begonnen. Aufgabe 2 muss er aber nun für Nacharbeit an Aufgabe 1 unterbrechen. Wieder kommt es zu einem Multitasking.

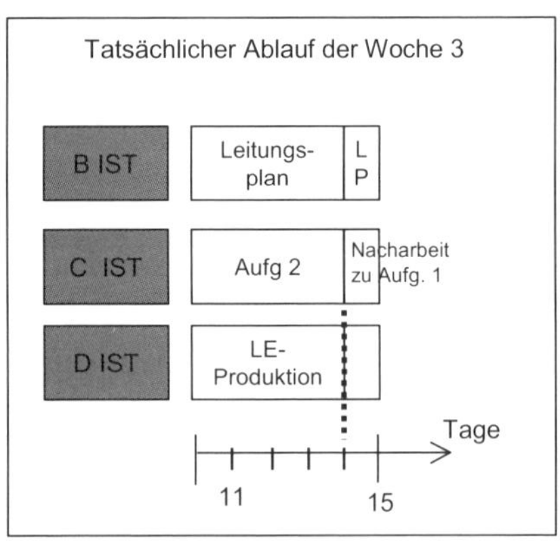

Abbildung 24: Tatsächlicher Ablauf der dritten Woche

In der Woche 4:

Nun hat Mitarbeiter B auch endlich Zeit, das LE-Design nochmals in Ruhe anzuschauen – auch dabei findet er einige Ungereimtheiten, die sich durch die zwischenzeitlich erfolgten Nachfragen von D bereits angedeutet hatten, und räumt auch diese aus. Das hat natürlich zur Folge, dass auch D die LE-Produktion nochmals in die Hand nehmen und nachbearbeiten muss.

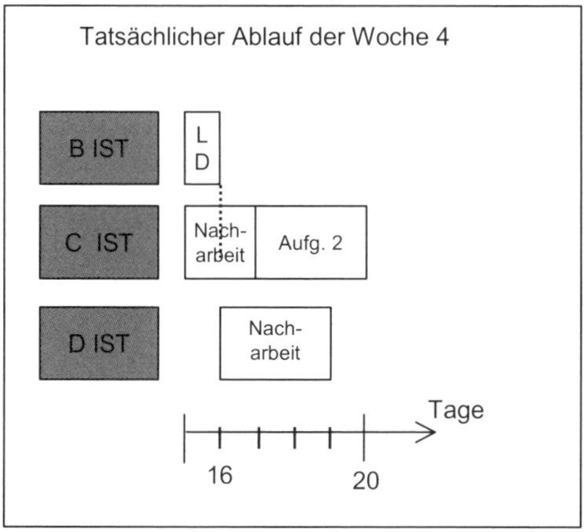

Abbildung 25: Tatsächlicher Ablauf der vierten Woche

Die oben dargestellten Planungsfehler bei Toggotec führen zu den gleichen unerwünschten Effekten, wie wir sie bereits in Kapitel 1.2 aufgezählt haben. Projekte sind aufwändiger und dauern länger als geplant. Termine können nicht eingehalten werden. Kunden sind unzufrieden und reklamieren. Dadurch sind die Projekte teurer als geplant und die wirtschaftlichen Ergebnisse entsprechend schlecht.

Wo liegt die Kernursache?

Um den unerwünschten Effekten gegenzusteuern, werden neue Standards eingeführt. Diese sollen das erhöhte Sicherheitsbedürfnis befriedigen. Bei Toggotec sind es aber oft die zunehmenden Kontrollen und Regeln, die das Projekt zusätzlich in seinem Fortschritt behindern. Dadurch wird eine negative Endlosschleife in Gang gesetzt, die in der folgenden Abbildung dargestellt ist.

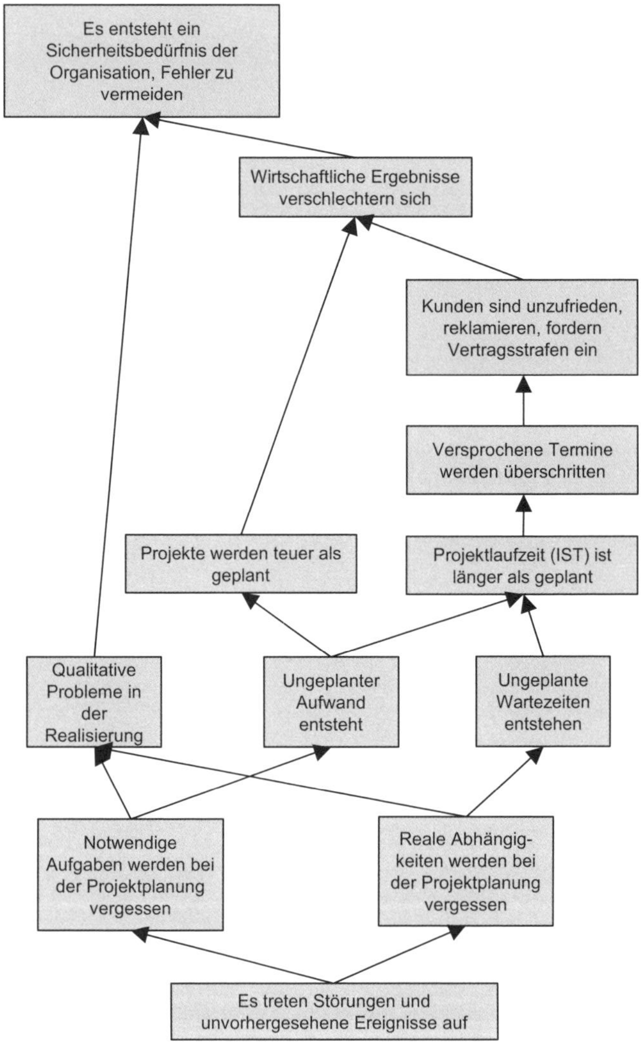

Abbildung 26: Es treten Störungen auf, Teil 1

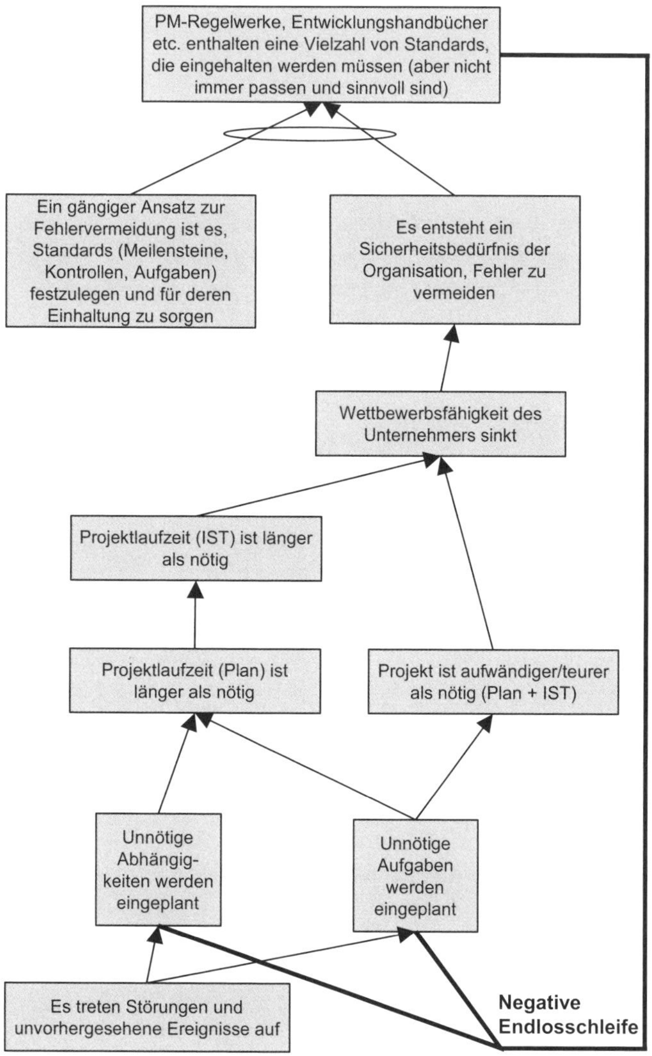

Abbildung 27: Es treten Störungen auf, Teil2

4.2 Projektplanung nach dem „Pull-Prinzip"

Das neu zu erstellende Critical-Chain-Planungskonzept begegnet den dargestellten Schwierigkeiten, indem es nicht die Arbeitspakete und Aufgaben analysiert, sondern konkret nach den Ergebnissen fragt. Der Schwerpunkt liegt auf dem jeweiligen Teilergebnis, dies zieht dann die entsprechenden Arbeitspakete und Aufgaben nach sich. Die Ziele des Projektes bilden die Basis für die Planung. Sie sind exakt zu definieren. Zudem muss bei der Planung das Projekt gewissenhaft simuliert werden. Hierzu wird bei größeren Projekten geeignete Software benötigt (vgl. CD). Abhängigkeiten zwischen Arbeitspaketen und Zwischenergebnissen sind systematisch durch die jeweils Verantwortlichen zu überprüfen. Eine weitere Forderung: Die Vollständigkeit der Zwischenergebnisse und Arbeitspakete muss ebenfalls von den jeweils Verantwortlichen überprüft werden.

So sieht die Lösung aus!

Daraus hat das Toggotec-Analyseteam fünf Handlungsempfehlungen abgeleitet:

Schritt 1: Das Projektziel verstehen und konkretisieren

Oft wurde die Erfahrung gemacht, dass das Projektziel den Projektbeteiligten nicht klar und nicht messbar war. Deshalb muss das Projektziel konkretisiert und nochmals mit dem Auftraggeber bzw. der Geschäftsleitung abgestimmt werden. Eine solche Abstimmung kann zum Beispiel wie folgt aussehen: „Am 31.03.07 steht der Prototyp verpackt und mit allen technischen Dokumentationen versehen in München für die Firma XY zum Einbau in den Prototypen-LKW bereit". Danach wird das Ergebnis des Projektes in die zu liefernden Teilergebnisse gegliedert, z. B.:

- zwei voll funktionsfähige Prototypen vom Typ A
- zwei voll funktionsfähige Prototypen vom Typ B
- ein Prototyp vom Typ A, der nicht in Betrieb gesetzt, sondern einem Fahrtest unterzogen wird
- Dokumentationen lt. Spezifikation

Daraus ergeben sich die Teilprojekte des Gesamtprojektes.

Schritt 2: Stolpersteine identifizieren

Anspruchsvolle Projekte haben Stolpersteine auf dem Weg zur Zielerreichung. Werden diese Stolpersteine schon bei der Planung berücksichtigt, so gelingt es, einen Projektplan zu erstellen, der frühzeitig die Projektrisiken berücksichtigt.

Tipp:

Erarbeiten Sie den Projektplan unbedingt mit den Projektbeteiligten, die nachher dafür verantwortlich sind, dass gewisse Zwischenergebnisse erreicht werden.

Es werden daher im Projektplanungsteam die Stolpersteine auf dem Weg zum Projekterfolg gesammelt, unter Berücksichtigung der Bedenken und Befürchtungen aller Beteiligten. Selbstverständlich sollte auch auf die Analyse der Interessengruppen und Risiken zurückgegriffen werden. Die Stolpersteine werden dann in eine Übersicht eingetragen.

Schritt drei: Engpassfaktoren/begrenzende Faktoren

Für jeden Stolperstein wird nun der jeweilige Engpassfaktor identifiziert und in einer Übersicht festgehalten. Der Engpassfaktor ist das, was fehlt, um den Stolperstein zu überwinden oder zu umgehen.

Ein Beispiel: Als Stolperstein bei einer Expedition identifiziert das Planungsteam einen großen Fluss mit einer reißenden Strömung, den es zu überqueren gilt. Der Engpassfaktor ergibt sich dadurch, dass das Planungsteam nicht weiß, wie die Expeditionsteilnehmer über den Fluss kommen. Würde eine große Brücke vorhanden sein, hätte das Projektplanungsteam wohl kaum die Flussüberquerung als Stolperstein identifiziert. Der Engpassfaktor zwingt das Planungsteam, das Problem konkret zu benennen.

Schritt vier: Zwischenergebnisse

Für jeden Stolperstein wird ein Zwischenergebnis definiert, das erreicht wird, sobald der Stolperstein erfolgreich überwunden ist.

Das Zwischenergebnis wird wie ein Ziel formuliert (nämlich als einen zu erreichenden Zustand in der Zukunft) und in die Übersicht eingetragen.

Teilergebnis:	

	Stolperstein	Engpassfaktor	Zwischenziel/ Zwischen-ergebnis
1	Bei einer Expedition muss ein großer, reißender Fluss überquert werden	Wir wissen nicht, wie wir über den Fluss kommen – gäbe es eine Brücke, wäre das kein Problem	
2			

Abbildung 28: Stolperstein, Engpassfaktor, Zwischenergebnis

Schritt fünf: Stolpersteine bilden das Rückgrat des Projektes

Für jedes Teilergebnis fragt sich nun das Projektteam, was alles schief gehen kann, wo also die Stolpersteine auf dem Weg zur Erzeugung des Teilergebnisses liegen. Für jeden dieser Stolpersteine wird ein Plan zu dessen Überwindung erstellt. Die verschiedenen Zwischenergebnisse werden in eine logische Reihenfolge gebracht, um die Abhängigkeiten im Projekt zu erkennen.

Folgende Fragen sind dabei zu beantworten:

- Welches Zwischenergebnis wird notwendig, damit ein anderes Zwischenergebnis erreicht werden kann?
- Welche Zwischenergebnisse müssen erreicht sein, damit das Projektziel erreicht werden kann?
- Dann wird die Reihenfolge geprüft, indem der Satz ergänzt wird: „Um ... zu bekommen, muss ich/müssen wir ..."

Falsch dargestellte Reihenfolgen werden so schnell ersichtlich. Wenn der oben genannte Satz lautet: „Um A zu erreichen, muss ich zuvor B erreicht haben", dann ist schnell offensichtlich, dass die Reihenfolge im Projektplan nicht stimmt.

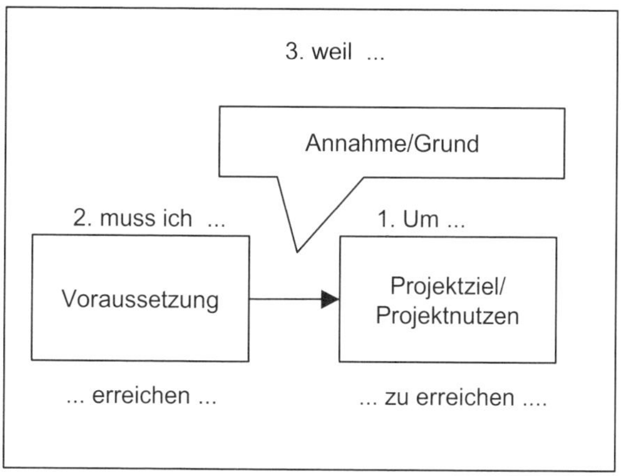

Abbildung 29: Abhängigkeiten „Necessary Cause"

Auf diese Art und Weise werden in mehreren Stufen die Zwischenziele definiert und ihre Abhängigkeiten festgelegt. Um dabei die Einfügung unnötiger Abhängigkeiten zu vermeiden, wird die Begründung für die Abhängigkeit angegeben und visualisiert.

Um keine Aufgabe und keine Abhängigkeit zu vergessen, wird als Nächstes gefragt, ob die Aussage „Wenn die Zwischenergebnisse L, C und A erreicht sind, dann wird auch das Projektziel Z erreicht" stimmt. Sind wirklich alle notwendigen Voraussetzungen vorhanden, um das jeweilige Zwischenergebnis zu erreichen?

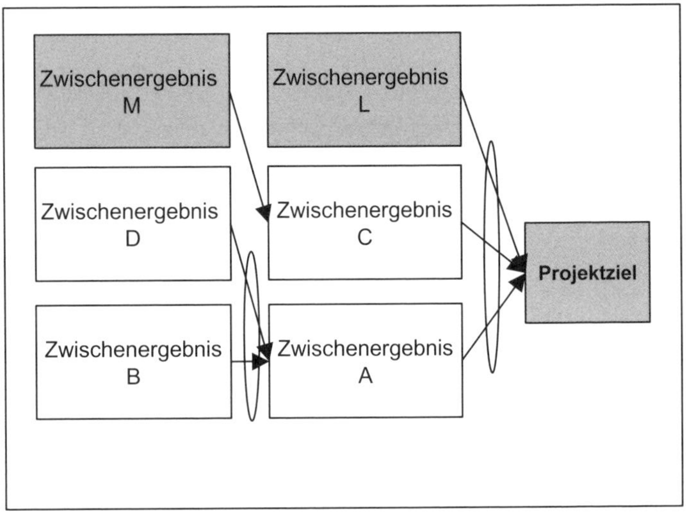

Abbildung 30: Projektziel „Sufficient Cause“

Dank dieser Vorgehensweise entsteht ein Netzwerk der Aufgaben, Zwischen- und Teilergebnisse und ihrer Abhängigkeiten untereinander. In diesem Netz wird den Stolpersteinen – den spezifischen Engpässen des Projekts – besondere Aufmerksamkeit zuteil.

Schritt sechs: Aktivitäten

Anschließend werden die Projektschritte bzw. Einzelaktivitäten für jedes Zwischenergebnis festgelegt und auf Vollständigkeit überprüft.

Bei der Überprüfung der Abhängigkeiten der Zwischenergebnisse durch die Aktivitäten, stellt es sich ab und zu heraus, dass für die Durchführung einer Aktivität ein Zwischenergebnis nötig ist, das eigentlich erst zu einem späteren Zeitpunkt erreicht werden sollte. Diese neuen Erkenntnisse bzw. Abhängigkeiten können nun ebenfalls in den Projektplan einfließen.

Als weitere Quellen für den Vollständigkeitscheck kommen in Frage:

- Pläne früherer, ähnlicher Projekte
- die Bedingungen, die zum Ende der einzelnen Projektphasen erfüllt sein müssen, um die jeweilige Phase abschließen zu können

Tipp:

Es ergibt keinen Sinn, alle Aktivitäten in den Projektplan einzutragen, da dieser dann zu unübersichtlich wird. Die einzelnen Projektteammitarbeiter wissen ohnehin, welche Aktivitäten zum Erreichen des Zieles notwendig sind. Es genügt, die Zwischenergebnisse festzuhalten und diese mit Hilfe des Staffelläuferprinzips aktiv zu verfolgen.

5 Das Critical-Chain-Projekt

Weshalb kann Toggotec notfalls Eilprojekte um 40 Prozent schneller als „normale" Projekte abwickeln? Gibt es noch nicht bekannte Instrumente? Eine gute Frage. Die Führungskräfte von Toggotec wissen: Dieses Tempo ist in der alten Multiprojektumgebung nur möglich, weil die Geschäftsleitung dem Eilprojekt höchste Priorität einräumt. Die anderen Projekte und Aufgaben müssen dann hintangestellt werden. Man erinnert sich aber, dass die negativen Auswirkungen auf die anderen Projekte gar nicht so ausgeprägt waren wie man zum Start des Eilprojektes ROBI 1 eigentlich vermutet hatte.

So wie in der Multiprojektumgebung viel Zeit mit Multitasking vertan wird, gibt es eventuell auch Mechanismen im Einzelprojekt, die dazu führen, Ressourcen unnütz zu verbrauchen. Es gilt nun zu untersuchen, ob es möglich sein kann, einzelne Projekte zu beschleunigen. Oder anders formuliert: ob die im Moment durchgeführten Einzelprojekte – wenn man sie isoliert betrachtet – länger dauern, als sie eigentlich müssten. Das Analyseteam untersucht zunächst den Konflikt, in dem die Projektleiter stecken.

5.1 Konflikte der Projektleiter

Welche Mechanismen führen zu den Schwierigkeiten?

In einer Projektleiterkonferenz von Toggotec werden die Projektleiter nach ihren größten Schwierigkeiten im Einzelprojekt gefragt. Sie antworten: „Wir kämpfen mit vielen Änderungswünschen, teilweise von Kunden, teilweise von unserer eigenen Entwicklung – ohne dass unser Projekttermin verschoben werden kann. Einzelne Mitarbeiter und vor allem unsere Lieferanten halten die gesetzten Meilensteine nicht ein. Oft werden keine Entscheidungen an oberster Stelle getroffen, man lässt die Projektleiter allein. Viele Ergebnisse entsprechen nicht den geforderten Kundenspezifikationen und müssen noch einmal nachgearbeitet werden. Wären die Kundendaten rechtzeitig im Haus, könnten die Projektmanager erheblich Zeit sparen.“ Diese Konflikte wurden zunächst einmal genau beleuchtet:

Konflikt 1: Es gibt zu viele Änderungen

„Nein“, erwidert der Toggotec-Chef in der Konferenz. Er betont, dass Änderungen keine Störungen sind. Sie gehören zum Tagesgeschäft. Die Projektleiter müssen sie entsprechend einplanen. Niemand widerspricht. „Einige haben wohl vergessen“, fährt der Geschäftsführer fort, „dass sich manche alten Projekte nur deshalb rentiert haben, weil viele erforderlichen Änderungen entsprechend an den Kunden weiterverrechnet werden konnten. Dies muss eine Stärke unseres Unternehmens sein – und keine Störung. Dass unsere Projekte durch Änderungen länger dauern als geplant, darf nicht zum Standard erhoben werden. Wenn die Änderungswünsche der Kunden in unseren Plänen richtig berücksichtigt werden und es entsprechende Vereinbarungen diesbezüglich mit unseren Kunden gibt, wird dieser Aspekt planbar und steuerbar sein.“

Er gibt den Projektleitern die Aufgabe, die Konflikte, in denen sie sich befinden, aufzunehmen und genau zu analysieren. Als Hilfestellung verweist er auf die Dilemma-Wolke, die bereits bei der Analyse der Multiprojektmanagementumgebung hilfreich gewesen war. Er fordert sie auf, die falschen Annahmen herauszufiltern, die den Konflikten zugrunde liegen müssen.

Die Dilemmata im Einzelnen

Ungeplante Änderungen können das Projekt verzögern. Um diese Verzögerung zu vermeiden, gibt es zwei Ansätze. Unternehmen stellen mehr Ressourcen für das Projekt bereit, so dass die Aufgaben im Projekt schneller abgearbeitet werden können. Oder die Änderungen werden zurückgewiesen, so dass kein Mehraufwand entsteht. Meist landet man dann bei einem Kompromiss zwischen Zurückweisung und einer minimalen Änderung, die möglichst wenig Einsatz erfordern darf. Dieser Kompromiss hat dann zwei ungünstige Konsequenzen – eine nicht ausgereifte Änderung und ein verzögertes Projekt – und stellt die Kunden auf keinen Fall zufrieden.

Die Schwierigkeit, in der sich der jeweilige Projektleiter befindet, sieht so aus: Entscheidet er sich, zum Ausgleich des Zeitverlustes, der durch die Änderung entsteht, mehr Ressourcen einzusetzen, dann erhöht er dadurch die Kosten des Projektes und gefährdet das Projektbudget. Wenn er allerdings versucht, die Änderungen abzulehnen, dann riskiert er die Erreichung der Projektergebnisse. Vielleicht nicht unbedingt die im Vertrag vereinbarten Ergebnisse, jedoch die, die sich der Kunde durch die Änderungen erhofft. Bei Ablehnung riskiert er also die Zufriedenheit des Kunden. Er steckt in einem Dilemma. Egal, welche Entscheidung er trifft, sie wird negative Konsequenzen haben.

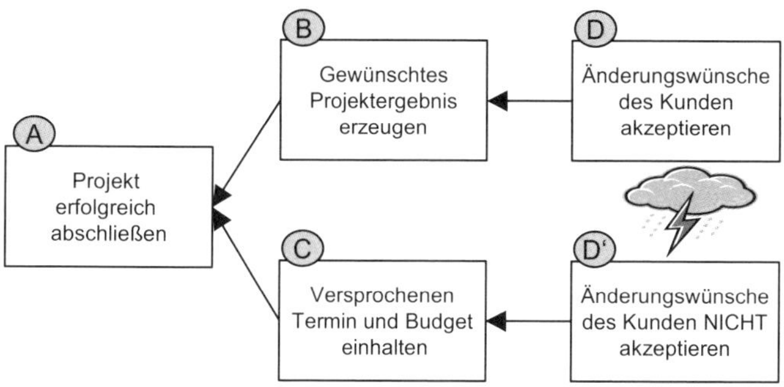

Abbildung 31: Dilemma Änderungswünsche

Um das Projekt (A) erfolgreich abschließen zu können, muss der Projektleiter das gewünschte Projektergebnis erzeugen (B). Um das gewünschte Projektergebnis liefern zu können, muss er den Änderungswunsch des Kunden (D) akzeptieren. Außerdem muss er, um das Projekt erfolgreich abschließen zu können, den versprochenen Termin und das versprochene Budget (C)einhalten. Um Termin und Budget einhalten zu können, darf er die Änderungswünsche des Kunden (D') nicht akzeptieren.

Bevor die zugrunde liegende falsche Annahme identifiziert wird und der Konflikt sich auflöst, geben wir Ihnen noch ein weiteres Beispiel für dieses Dilemma:

Konflikt 2: Meilensteine werden nicht gehalten, Ressourcen stehen nicht wie geplant zur Verfügung

Welche Mechanismen führen zu den Schwierigkeiten?

Für eine Aufgabe innerhalb des Projektes wird der versprochene Fertigstellungstermin nicht eingehalten. Dabei ist es zunächst unerheblich, ob dies ein eigener Mitarbeiter oder ein Lieferant verursacht.

Auch hier befindet sich der Projektleiter in einem Dilemma, wie folgendes Bild zeigt:

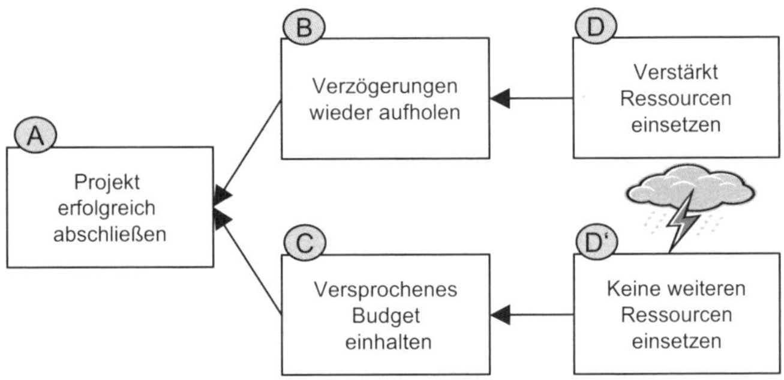

Abbildung 32: Zusätzliche Ressourcen

Um das Projekt erfolgreich abschließen zu können(A), muss der Projektleiter die Verzögerung wieder aufholen(B). Um die Verzögerung wieder aufholen zu können, muss er verstärkt Ressourcen einsetzen (D), z. B. einen weiteren Mitarbeiter. Andererseits muss er, um das Projekt erfolgreich abschließen zu können, das Projektbudget einhalten(C). Um das Projektbudget einhalten zu können, darf er nicht mehr Ressourcen einsetzen (D').

Eine Ressource steht zum geplanten Zeitpunkt nicht für das Projekt zur Verfügung, weil sie noch für ein anderes Projekt arbeitet.

Jetzt könnte der Projektleiter einfach auf einen anderen Mitarbeiter oder ein anderes Betriebsmittel zugreifen, vielleicht sogar auf eine Ressource, die gerade frei verfügbar ist. Er macht es jedoch nicht, denn die ursprünglich eingeplante Ressource kann die Aufgabe aufgrund ihrer Qualifikation und Erfahrung in kürzerer Zeit umsetzen – deshalb wurde ja gerade diese Ressource eingeplant. Wenn der Projektleiter jetzt, um das Projekt nicht zu verzögern, auf eine andere Ressource zurückgreift, kann dies Nachteile haben. Beispielsweise hat der Mitarbeiter weniger Erfahrung und benötigt daher mehr Zeit für diese Aufgabe. Wenn nun aber die freien Ressourcen noch den gleichen kalkulatorischen Stundensatz haben, dann wird das Projekt teurer, obwohl dieselbe Leistung für das Projekt erbracht wird.

Das Dilemma sieht für den Projektleiter also wie folgt aus:

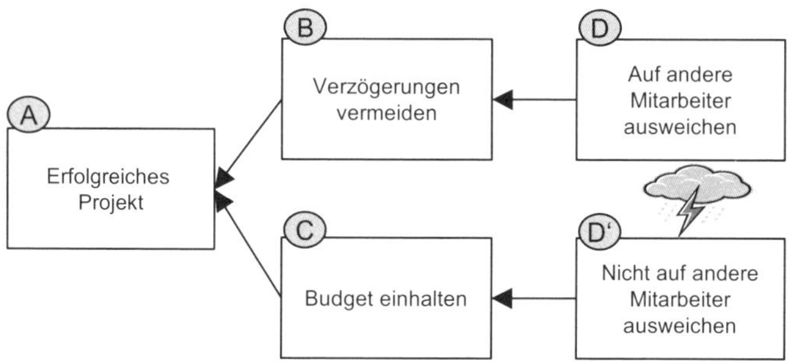

Abbildung 33: Dilemma des Projektleiters – Terminverzögerung

Um das Projekt erfolgreich abzuschließen (A), muss er die Verzögerung vermeiden(B), die dadurch entsteht, dass eine Ressource nicht verfügbar ist. Um diese Verzögerung zu vermeiden, muss er auf einen anderen Mitarbeiter ausweichen (D). Er darf aber nicht auf einen anderen Mitarbeiter ausweichen (D'), weil das die Einhaltung des Budgets gefährden könnte. Um aber das Projekt erfolgreich abschließen zu können, muss er sein Budget einhalten (C).

Wo liegt die Kernursache?

Für viele weitere Schwierigkeiten kann das Dilemma, in dem sich der Projektleiter befindet, ähnlich analysiert werden. Wenn man sich die drei beschriebenen Konflikte anschaut, dann erkennt man ein gemeinsames Muster, das im Zusammenhang mit dem sogenannten „magischen Dreieck" des Projektmanagements steht. Das magische Dreieck des Projektmanagements beschreibt, dass eine Veränderung an einem der drei Eckpunkte, nämlich Qualität, Kosten und Termin, immer auch eine Veränderung an wenigstens einer der beiden anderen Eckpunkte des Dreiecks nach sich zieht (vgl. Kapitel 1.1).

Die aus den vorangegangenen Abbildungen verallgemeinerte Form des Dilemmas, in dem sich der Projektleiter befindet, sieht folgendermaßen aus:

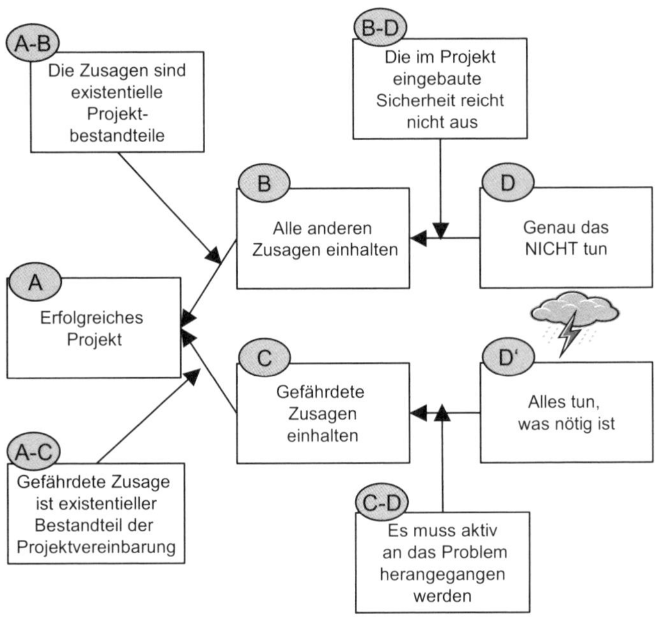

Abbildung 34: Kernkonflikt des Projektleiters mit Annahmen

Um das Projekt erfolgreich abschließen zu können (A), muss der Projektleiter die Zusage z. B. im Hinblick auf die Qualität, die Kosten oder die Termine einhalten (C). Eine dieser drei Zusagen wird durch die aufgetretene Schwierigkeit gefährdet. Um diese gefährdete Zusage einhalten zu können, muss der Projektleiter jetzt zusätzlich Maßnahmen ergreifen, wie beispielsweise zusätzliche Mitarbeiter einbinden, Änderungen ablehnen usw. (D'). Auf der anderen Seite darf er genau diese zusätzlichen Maßnahmen nicht ergreifen (D), weil er ja auch alle anderen Zusagen einhalten muss (B).

Dieses Dilemma ist der Kernkonflikt des Projektleiters, den es jetzt aufzulösen gilt.

Die Verbindung A-C begründet die Projektvereinbarung und kann nur in Ausnahmefällen mit dem Stichwort „Claim Management" unter Zustimmung des Kunden verändert werden. Generell kann diese Verbindung nicht in Frage gestellt werden.

In der Verbindung C-D´ muss der Projektleiter weitere Maßnahmen zur Einhaltung der gefährdeten Zusage ergreifen. Für die Verbindung A-B gilt das Gleiche wie für die Verbindung A-C. Projektvereinbarungen müssen in der Regel eingehalten werden.

Nun bleibt noch die Verbindung B-D übrig. Der Projektleiter darf keine zusätzlichen Maßnahmen ergreifen, denn diese sind in seinem Plan nicht vorgesehen. Er überschreitet dann seinen Projektendtermin, sein Kostenbudget oder hat Qualitätseinbußen. Denn es herrscht die Annahme: Es gibt keine Kapazitätsreserven für Störungen im Projekt. Weder in zeitlicher noch in qualitativer Sicht oder beim Projektbudget. Hier kann man ansetzen. Fände das Analyseteam heraus, dass es durchaus Sicherheitsreserven im Projekt gibt, die jedoch auf irgendeine Art und Weise verschwendet würden, dann könnte das der Ausweg aus dem Kernkonflikt des Projektleiters sein.

Kernkonflikt des Projektleiters:
Dem Kernkonflikt des Projektleiters liegt die Annahme zugrunde, dass die Sicherheitsreserven im Projekt nicht ausreichen.

Enthalten die Projektpläne Sicherheiten?

Welche Mechanismen führen zu den Schwierigkeiten?

Der neue Geschäftsführer fordert das Analyseteam also auf, den Aspekt „verschwendete Sicherheiten" zu untersuchen. Dafür wird das Projekt ROBI 1 ausgewählt, das eines von den aus der Projektauswahl übrig gebliebenen 17 Projekten ist.

Der Projektname ROBI 1 steht für eine Sondermaschine, die für den Produktionsanlauf eines großen deutschen Automobilherstellers entwickelt wurde. Eventuell soll diese Sondermaschine noch einmal in abgewandelter Form für ein Tochterunternehmen des Kunden gebaut werden. Daher gibt es eine hohe Bereitschaft, dieses Projekt genauer unter die Lupe zu nehmen. Die erste zu beantwortende Frage lautet: Wie entsteht der Projektplan von ROBI?

Die Sondermaschine wird als ein komplexes Gebilde angesehen, das in verschiedene Baugruppen unterteilt wird. Diese unterliegen verschiedenen Entwicklungs-, Fertigungs- und Montageschritten, bis hin zur Inbetriebnahme beim Kunden. Zu entwickeln sind Maschinenkomponenten, Steuerungseinheiten, Softwaresteuerungen, Elektronikkomponenten u. a.

Für die Erstellung des Projektplans gibt es nun folgende Herangehensweise: Die zu entwickelnde Maschine wird in Baugruppen unterteilt und jede Baugruppe erhält einen Fertigstellungstermin, denn bei Toggotec herrscht folgende Annahme: Die beste Methode, für die Einhaltung des Projektendtermins zu sorgen, besteht darin, dass jede einzelne Baugruppe termingerecht fertig gestellt wird.

Bei ROBI 1 gibt es viele neue Baugruppen, die zum ersten Mal entwickelt werden. Der Projektleiter fordert von den Entwicklern, dass sie ihren Aufwand grob schätzen sollen, damit er den Projektplan erstellen kann. Bei den bekannten Baugruppen werden die Zeiten aus ähnlichen Projektplänen eingetragen.

Geschätzte Zeit

Dem Analyseteam von Toggotec wird bewusst, dass alle Zeitangaben im Projektplan darauf beruhen, dass irgend jemand für die bekannten Baugruppe in vorangegangenen Projektplänen eine Schätzung abgegeben hat und dass diese Schätzungen seit fünf Jahren von einem Projektplan in den nächsten übertragen werden. Verbesserungen wie das neue CAD-Modellierungssystem, optimierte Fertigungsmethoden und andere Technologiefortschritte führten fast gar nicht zu verkürzten Bearbeitungszeiten. Oft gab auch der Kunde den Endtermin vor und alle mussten sich dem anpassen. Aber auch in diesem Fall werden die Zeiten geschätzt, falls nötig gekürzt und dann in feste Termine umgewandelt. Auf diese Weise entsteht der ROBI-1-Projektterminplan, der jetzt für alle Projektbeteiligten beim Projektstart verbindlich wird.

Wo liegt die Kernursache?

Das Problem: Die Zeitschätzungen werden einfach in Vereinbarungen umgewandelt. Der gesamte Projektplan basiert auf der Annahme: Wenn sich jeder einzelne an seinen Termin hält, wird auch der versprochene Endtermin für das Projekt realisiert. Wie man an einem mathematischen Modell leicht beweisen könnte, kann dies aber nur unter Laborbedingungen funktionieren. Tritt nur eine Störung in der Projektkette auf, müssen sich alle nachfolgenden Termine verschieben und somit kann auch der Projektendtermin nicht mehr gehalten werden. Wie oft gibt es Störungen im Projekt? Bei Toggotec kommt dies ständig vor, so dass fast alle Projekte in Verzug sind.

Der Weg, die Zeitschätzungen der Mitarbeiter in Terminvereinbarungen umzuwandeln, führt nicht dazu, dass Liefertermine garantiert werden können. Aber was soll der Projektleiter statt dessen machen? Er kann ja nicht in seinen Projektplan eintragen: „Baugruppe eins wird ungefähr am 15. Juli fertig sein, vielleicht sogar schon am 1. Juni. Wenn jedoch die Kundendaten zu spät geliefert werden, dann erst am 30. September." Auf die Einhaltung welches der drei Termine sollte er dann drängen? Der Projektleiter wird nahezu gezwungen, einen Termin zu fixieren – mit allen beschriebenen Problemen.

Zurück zu den Sicherheiten in den einzelnen Aufgaben: Wenn der Projektleiter einen Mitarbeiter fragt, wie lange er für eine bestimmte Aufgabe braucht, dann wird er so gut wie nie die Antwort erhalten, dass der Mitarbeiter beispielsweise genau drei Wochen benötigt. Der Mitarbeiter wird dem Projektleiter darlegen, was alles schief gehen kann, und danach wird er sich schließlich dazu durchringen, dem Projektleiter eine Zeitschätzung zu geben, die Sicherheiten für Störungen enthält. Benötigt er für die reine Arbeitszeit drei Wochen, wird er nochmals zwei Wochen „Sicherheit" addieren. Also fünf Wochen.

Schätzungen werden in Vereinbarungen umgewandelt

Start- und Endtermin ergeben sich aus der Rückrechnung vom Projektendtermin unter Berücksichtigung der vorher festgelegten Vorgänger-/Nachfolgerbeziehung. Oder er errechnet sich aus dem Projektanfang. Hier werden die Zeiten der Aufgaben, die vorher stattfinden müssen, aufaddiert, so dass man weiß, wann die Aufgabe beginnen und wann sie abgeschlossen sein soll. Diese Zeiten werden dann in die klassischen Projektplänen bei Toggotec eingetragen. Es entstehen verbindliche Terminvereinbarungen mit dem Arbeitspaketverantwortlichen, indem Schätzungen in Vereinbarungen umgewandelt werden. Das ist fast schon unfair, zumal einige der Termine ohne Zustimmung des Arbeitspaketverantwortlichen eingetragen werden. ROBI 1 ist keine Ausnahme, die anderen Projektpläne kommen auf die gleiche Art und Weise zustande.

Die Mitarbeiter, welche die Schätzungen abgeben, wollen als zuverlässige Mitarbeiter gelten, denn das gesamte Zusammenwirken bei Toggotec geht von der Grundannahme aus: Wenn jeder Einzelne seine Arbeit ordentlich macht und sich an seine Zusagen hält, funktioniert auch das Ganze. Da die Mitarbeiter wissen, dass ihre Zeitschätzungen in Zusagen umgewandelt werden, geben sie Zeitschätzungen ab, die erhebliche Sicherheiten enthalten. Denn sie wissen: Nicht alles läuft glatt. Im Laufe der Arbeiten treten Störungen und Verzögerungen aller Art ein. Hinzu kommt, dass Mitarbeiter durch das schädliche Multitasking immer wieder in ihrer Arbeit unterbrochen werden.

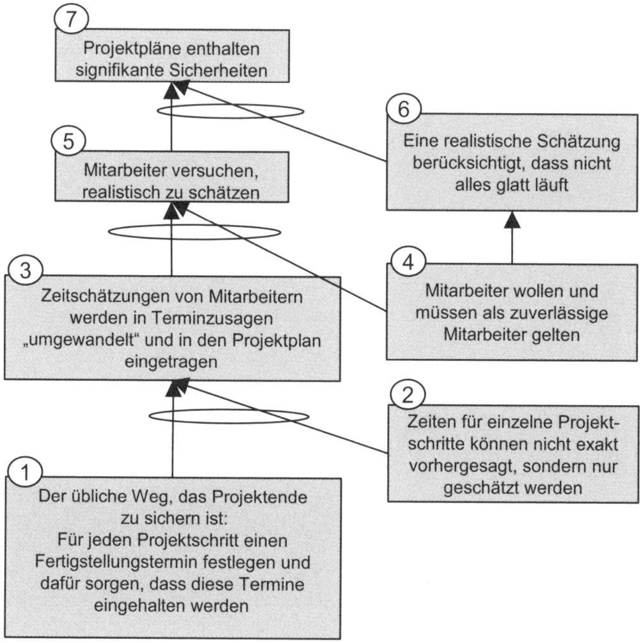

Abbildung 35: Gegenwartsbaum Einzelprojekt, Teil 1

Um zu erkennen, wie groß diese Sicherheitspuffer in Projektplänen sind, befragt das Analyseteam die Mitarbeiter, die am Projekt ROBI 1 beteiligt sind. Repräsentativ ist die Aussage eines Softwareentwicklers: Wenn er ungestört arbeiten könne, brauche er für die Entwicklung ca. 80 Tage.

Er weiß aber, dass er bei Toggotec erheblichen Störungen ausgesetzt ist, die er wie folgt beschreibt: Kollegen unterbrechen ihn für Kurzschulungen an alten, bereits entwickelten Steuerungssystemen. Dann muss er kurz ein Update aufspielen oder der Chef hat eine Zwischenfrage zu seinem neuen Excel-Blatt. Gestört wird er auch durch den Vertrieb, der ganz schnell einen Entwurf für ein Pflichtenheft für sein Angebot benötigt. Es kommt auch vor, dass ein Projekt einfach gestoppt wird. Fast niemand weiß warum, und nach einem halben Jahr wird es wieder gestartet, was zu unerwarteten Unterbrechungen im laufenden Projekt führt.

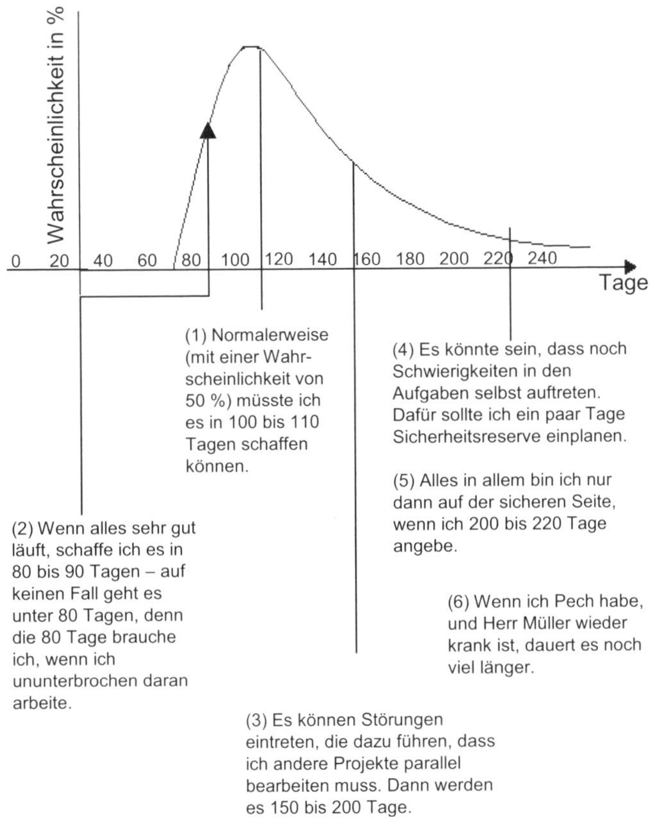

Abbildung 36: Wahrscheinlichkeitsverteilung

Normalerweise (mit einer Wahrscheinlichkeit von 50 Prozent) müsste der Softwarespezialist seine Arbeit an ROBI 1 in 100 bis 110 Tagen schaffen können. Wenn alles gut läuft, schafft er es sogar in 80 bis 90 Tagen – auf keinen Fall geht es unter 80 Tagen, denn die 80 Tage braucht er, wenn er ununterbrochen daran arbeitet. Wenn er an mehr als zwei Projekten parallel arbeitet, dann werden es leicht 150 bis 200 Tage. Wenn noch Schwierigkeiten in der Aufgabe selbst auftreten, die er noch nicht kennt, können auch noch 20 Tage dazu kommen. Alles in allem ist er nur dann auf der sicheren Seite, wenn er 220 bis 230 Tage angibt. Wenn er Pech hat und ein Kollege ausfällt, dauert es noch viel länger.

Die Verteilung verläuft asymmetrisch: Je größer die Unsicherheit, desto größer wird der Zeitpuffer in den Zeitschätzungen sein. Verschiedene Teilprojektleiter von Toggotec erläutern, dass sie bei großen Projekten, in denen die Synchronisation von verschiedenen Maschinenbaugruppen wichtig sei, zusätzliche Sicherheitspuffer einbauen, denn es ist bekannt, dass die Synchronisation immer zu Problemen führt. So erhöht sich der Puffer noch einmal um einige Tage.

Das Analyseteam kommt zu der Schlussfolgerung, dass in den Zeitschätzungen der Projekte erhebliche Sicherheitsreserven stecken – in Summe über 50 Prozent der Gesamtlaufzeit. Unter Berücksichtigung des schädlichen Multitaskings (Kapitel 3.2) sind diese Untersuchungsergebnisse durchaus nachvollziehbar.

Warum werden Projekte nicht früher fertig?

Welche Mechanismen führen zu den Schwierigkeiten?

Wenn tatsächlich so große Sicherheiten eingebaut sind, dann müssten zumindest einige Projekte deutlich früher abgeschlossen werden als geplant. Denn nicht alle Sicherheiten im Projekt werden immer benötigt, manchmal müssten doch einige Aufgaben auch früher fertig werden, oder? Bei Toggotec ist das so gut wie nie der Fall. Warum? Die Sicherheiten werden durch bestimmte Mechanismen verbraucht. Mehr hierzu in den Kapiteln: „Parkinson's Law", „Studentensyndrom" und „Verkettung von Aufgaben".

Da Toggotec ständig einem harten Wettbewerbsdruck ausgesetzt ist, gibt es einen ständigen Druck, schneller zu arbeiten. Wenn die Mitarbeiter aufgrund dieses stetigen Drucks ihre Sicherheitsreserven reduziert hätten, dann könnten sie in vielen Fällen nicht mehr als zuverlässige Mitarbeiter gelten. Anders gesagt: Sie können ihre persönlichen Sicherheitsreserven nicht reduzieren.

Angenommen, ein Mitarbeiter würde öfter seine Zeitschätzungen deutlich unterschreiten, dann würden ihm die Projektleiter seine zukünftigen Zeitschätzungen nicht mehr glauben, sondern kürzen. Davor muss sich der Mitarbeiter schützen. Also vermeidet er bewusst oder unbewusst den vorzeitigen Abschluss von Aufgaben. Die Sicherheitsreserve wird lieber in Anspruch genommen, als die vorzeitige Erledigung der Aufgabe zu melden.

Zu viel Zeit verursacht Multitasking

Wer Zeitreserven hat, zeigt eine deutlich größere Bereitschaft, die laufenden Arbeiten bei Störungen zu unterbrechen. Bei Toggotec wird dies besonders am Beispiel des Konstrukteurs deutlich: Er konstruiert einen große Baugruppe. Nun kommt jemand aus der Produktion mit einem Problem, das gerade bei der Fertigung eines Teils für diese Baugruppe auftritt und bittet den Konstrukteur noch um Konstruktionsänderungen bzw. um dessen Hilfe bei der Lösung des Problems. Hat der Konstrukteur Termindruck, wird er dem Kollegen aus der Produktion sagen, dass er keine Zeit hat. Selbst wenn sich leichte Konstruktionsfehler eingeschlichen haben, hat es die Produktion bis jetzt immer noch geschafft, das Problem eigenständig zu lösen.

Hat der Konstrukteur aber noch Zeitreserven, dann gibt es für ihn mehrere Optionen. Eventuell sieht er das Problem als eine willkommene Abwechslung und geht mit in die Produktion, spricht das Problem durch, hilft und freut sich, dass er gebraucht wird. Seine Tätigkeiten und sein Ansehen werden dadurch wertvoller. Eine andere Option könnte sein, dass er sich freut, endlich eine Konstruktion perfekt abliefern zu können. Er verfeinert und verbessert sie an verschiedenen Stellen und sichert bestimmte Funktionalitäten noch einmal ab.

Fazit: Die eingeplante Sicherheitsreserve wird also bestenfalls genutzt, um den auf Basis der Zeitschätzung festgelegten Termin zu halten. Das Analyseteam findet bei keinem Projekt Arbeiten, die vor dem fixierten Termin als erledigt gemeldet wurden. Mit der Strategie, Zeitreserven zu schaffen, schützt der Mitarbeiter unbewusst sein existentielles Bedürfnis, als zuverlässiger Mitarbeiter zu gelten. Dem Projekt kommen die Reserven nicht zugute.

Parkinson's Law

Parkinson's Law steht in diesem Kontext für die Zeitausdehnung bei Aufgaben. Projektaufgaben werden nicht vor dem geschätzten Termin fertig, was bedeutet, dass die eingebauten Sicherheitsreserven verschwendet werden.

Definition Parkinson's Law:
„Arbeit dehnt sich so weit aus, dass sie die dafür zur Verfügung stehende Zeit ausfüllt."

Parkinson's Law beschreibt noch einen weiteren Effekt: Wenn sich vorangehende Projektschritte verzögern, dann wird auch der Mitarbeiter nicht etwa schneller arbeiten, um die Zeit aufzuholen. Er wird – aus den oben beschriebenen Gründen – darauf achten, dass er genau seine geschätzte Zeit benötigt. Das heißt: Wenn er eine Woche verspätet startet, dann wird er wird seine Aufgabe bestenfalls auch eine Woche verspätet weitergeben. Anderenfalls läuft er Gefahr, dass seine Zeitschätzung im nächsten Projekt gekürzt wird. Dies führt dazu, dass eine einmal im Projektablauf entstandene Verzögerung in der Regel an die Folgeschritte weitergegeben werden. Auch hier gilt: Persönliche Zeitreserven der Mitarbeiter leisten keinen Beitrag zur Sicherheit des Projekts. Sie sichern nur die einzelnen Aufgaben der Mitarbeiter ab.

Das Dilemma der Mitarbeiter allgemein beschrieben:

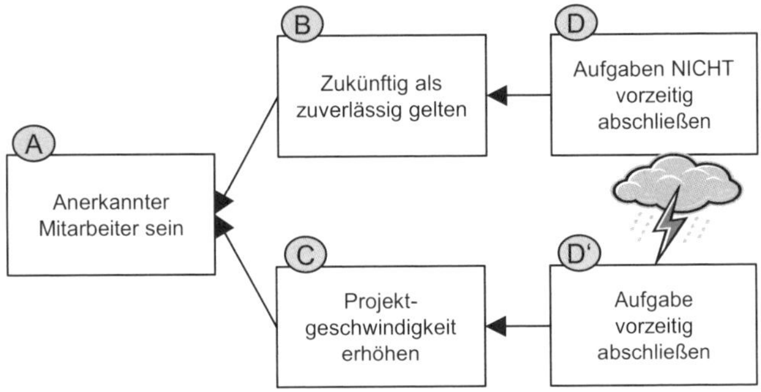

Abbildung 37: Dilemma-Wolke Parkinson's Law

Um ein anerkannter Mitarbeiter zu sein (A), muss er auch zukünftig als zuverlässig gelten (B), weil Zuverlässigkeit eines der wichtigsten Kriterien für die Beurteilung von Mitarbeitern ist. Um zukünftig als zuverlässig gelten zu können, darf er diese Projektaufgabe nicht vorzeitig abschließen (D), weil der vorzeitige Abschluss von Projektaufgaben dazu führt, dass ihm zukünftige Zeitschätzungen nicht geglaubt, sondern gekürzt werden; bei gekürzten Zeitschätzungen könnte er nicht mehr in der ausgerechneten Zeit den festgesetzten Termin einhalten.

Auf der anderen Seite muss der Mitarbeiter, um anerkannt zu sein (A), seinen sichtbaren Beitrag zur Erhöhung der Projektgeschwindigkeit leisten (C). Wenn ihm das gelingt, dann wird er ein Lob von der Projektleitung erhalten. Um aber die Projektgeschwindigkeit zu erhöhen, muss der Mitarbeiter sein Arbeitsergebnis vorzeitig abliefern (D'), sonst wird das Projekt nicht beschleunigt.

Er muss sich also entscheiden: „Schließe ich die Aufgabe vorzeitig ab oder nicht?" Wenn sich Mitarbeiter in einem solchen Dilemma befindet, werden sie sich unterschiedlich verhalten: In der Regel jedoch werden die meisten dem Grundbedürfnis folgen, als zuverlässige Mitarbeiter zu gelten, um dadurch ihren Arbeitsplatz nicht zu gefährden.

Wenn ein Mitarbeiter die Chance hat, die Verzögerung bei vorangehenden Projektschritten aufzuholen, befindet er sich in einem ähnlichen Dilemma:

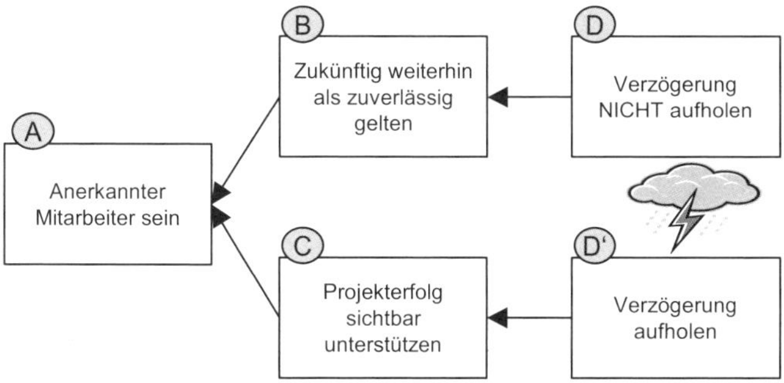

Abbildung 38: Dilemma-Wolke Parkinson's Law – Verzögerung aufholen

Auf der einen Seite muss er, um ein zuverlässiger Mitarbeiter zu sein (A), auch künftig als zuverlässig gelten (B) und um künftig als zuverlässig zu gelten, darf er die Verzögerung nicht aufholen (D). Dies würde ja bedeuten, dass seine Zeitschätzungen Sicherheiten enthalten haben; wenn dies deutlich wird, werden ihm zukünftige Zeitschätzungen gekürzt. Auf der anderen Seite wäre es gut für ihn, wenn er sichtbar den Projekterfolg unterstützen könnte(C), dazu müsste er die Verzögerung wieder aufholen (D').

Ein System, das seine Mitarbeiter in solche Entscheidungskonflikte bringt, blockiert damit die tatsächlichen Ziele der Mitarbeiter, nämlich dem Unternehmen einen hohen Nutzen zu bieten. An beiden Dilemmata wird deutlich, dass es sinnvoller wäre, schneller als geplant mit den Aufgaben fertig zu werden. Die Mechanismen des bei Toggotec angewendeten Projektmanagements bringen aber die Mitarbeiter dazu, sich gegenteilig zu verhalten – nämlich die Vorteile durch frühe Fertigstellung einer Arbeit eben nicht an das Projekt und damit an das Unternehmen weiterzugeben.

Das Studentensyndrom

Welche Mechanismen führen zu den Schwierigkeiten?

Ein weiteres Arbeitsmuster wird in einem Interview dem Analyseteam mitgeteilt: Wenn der Mitarbeiter weiß, dass er seine vorher eingeplanten Reserven nicht benötigt, nutzt er die Zeit für andere Tätigkeiten, die er schon lange angehen wollte. Zudem werden Störungen und Änderungen gerade am Anfang der Aufgabe – also wenn der Druck noch nicht so hoch erscheint – eher zugelassen.

Definition Studentensyndrom:

„Eine Aufgabe wird erst dann begonnen und konzentriert bearbeitet, wenn der Druck entsprechend hoch ist."

Hat sich der Druck schließlich aufgestaut, wird Tag und Nacht an der Aufgabe gearbeitet. Wenn Unvorhergesehenes dazwischen kommt, dann kann der Termin nicht mehr gehalten werden. Oder die Arbeit wird mit schlechterer Qualität ausgeliefert, was unter Umständen zu späterer Nacharbeit führt.

Das Studentensyndrom hat noch einen anderen Aspekt: Wenn ein Mitarbeiter die Möglichkeit hat, früher zu beginnen, beispielsweise dadurch, dass die Vorgängeraufgabe früher abgeschlossen wurde als geplant, wird er dies normalerweise nicht tun. Durch einen früheren Start würde der nachfolgende Mitarbeiter signalisieren, dass er freie Kapazitäten hat, was wiederum zu Kürzungen bei zukünftigen Zeitschätzungen führen wird.

Die Verkettung von Aufgaben und Ressourcen

Im Projekt ROBI 1 gilt: Die komplette Maschine wird im Hause Toggotec zusammengebaut und getestet. Für diesen Test müssen alle wesentlichen Teile, die z. B. stromführend oder mechanisch beweglich sind, fertig sein. Der Termin für den Test ist der 1.11.2006. An diesem Termin sind alle Komponenten, die für die Abnahme notwendig sind, vorhanden – bis auf die Steuereinheit der Sortieranlage.

Ohne diese eigens für ROBI 1 entwickelte Steuereinheit hat es jedoch keinen Sinn, die Tests laufen zu lassen. Das gesamte Projekt verzögert sich aus diesem Grund um zwei Wochen. Wäre die Steuerung bereits vor dem 1.11. geliefert worden, würde der Test dennoch nicht früher starten.

Verspätungen werden in dieser Abhängigkeit an Folgeaufgaben weitergegeben. Wird aber eine Aufgabe früher abgeschlossen als geplant, wird dadurch das Projekt *nicht* beschleunigt. Zusammenfassend können wir sagen: Die Mitarbeiter bei Toggotec befinden sich in einem Dilemma. Sie werden gezwungen, zunächst erhebliche Zeitsicherheiten aufzubauen, um sie anschließend zu verschwenden.

Parkinson's Law, das Studentensyndrom und die Verkettung von Aufgaben und Ressourcen bewirken, dass Verfrühungen nicht (vollständig) an nachfolgende Projektschritte weitergegeben werden, während Verspätungen sich in der Regel bis zum Projektende durchziehen. Dadurch werden die in den Projektschritten eingebauten Sicherheitsreserven verschwendet. Der Critical-Chain-Ansatz muss daher sicherstellen, dass Mechanismen installiert werden, die dies künftig nicht mehr zulassen.

Keine Chance, früher fertig zu werden?

Obwohl für jede einzelne Aufgabe erhebliche Sicherheiten eingeplant werden, ist die Chance sehr gering, dass eine Kette voneinander abhängiger Aufgaben rechtzeitig abgeschlossen wird.

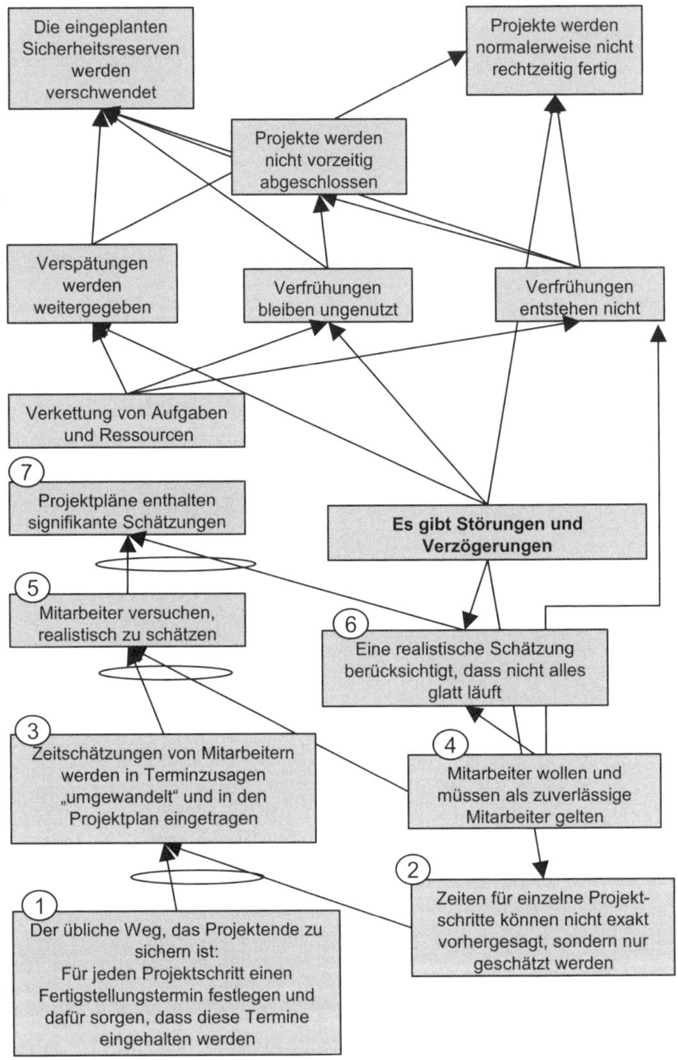

Abbildung 39: Gegenwartsbaum Einzelprojekt, Teil 2

Bei Toggotec werden die Projektlaufzeiten immer länger - statt kürzer

Der für die Steuerungseinheit zuständige Mitarbeiter hat im letzten mit ROBI vergleichbaren Projekt seine benötigte Arbeitszeit auf 80 Tage geschätzt. Diese haben aber damals nicht ausgereicht, daher neigt er nun dazu, 20 Tage „Sicherheit" zusätzlich aufzunehmen, also kalkuliert er insgesamt mit 100 Tagen Arbeitsaufwand. Im Projekt ROBI reichen diese 100 Tage ebenfalls nicht. Werden es im nächsten Projekt 120 Tage sein? Diese negative Endlosschleife wird durch das Verhalten der Führungskräfte noch verstärkt, wie folgende Abbildung zeigt.

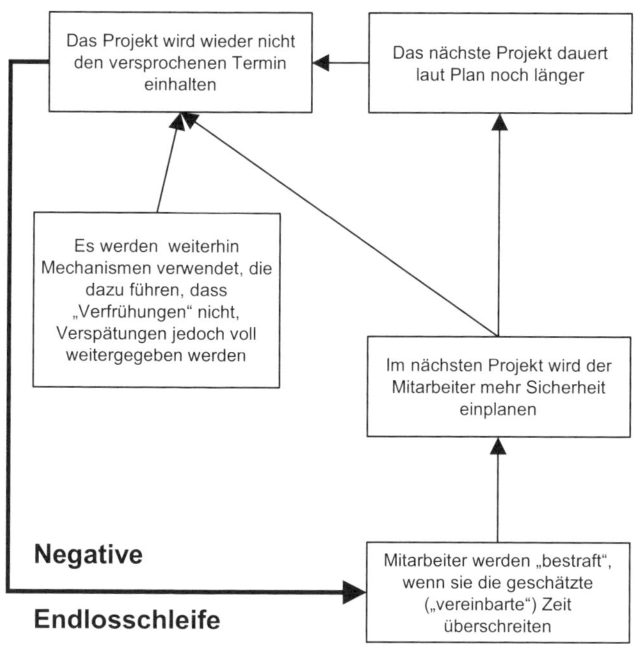

Abbildung 40: Negative Endlosschleife im Einzelprojekt

Das Analyseteam wird langsam nervös. Es hat nun viele Mechanismen im Projektmanagement studiert, die Mitarbeiter zu Konflikten führen und die Projekte lähmen. Wo aber liegen nun die Ansatzpunkte für ein sinnvolles Verbesserungskonzept? Hier einige Beispiele:

- Beim Projekt ROBI 1 gibt es die Erkenntnis, dass einige Vorgänger-/Nachfolgerbeziehungen gar nicht voneinander abhängig sind. Beispielsweise sind die Projektkontrolltermine, auch Reviewtermine genannt, zu einem Zeitpunkt eingeführt worden, als es viele Qualitätsprobleme gab. Der Reviewtermin steht nun fest als Meilenstein im Plan, und der nächste Schritt darf nicht gestartet werden, bevor der Reviewtermin stattgefunden hat. Wird der Reviewtermin verschoben, was häufig der Fall ist, denn warten viele Mitarbeiter mit dem Start ihrer Aufgaben auf eine Freigabe. Durch Parallelisierung dieses Termins mit anderen Aufgaben kann eine Verkürzung der Projektplanzeit erreicht werden. Selbst wenn jedoch alle überflüssigen Abhängigkeiten entfernt sind, bleiben die bisher beschriebenen Mechanismen bestehen. Daher kann der Parallelisierungsansatz nur bis zu einem gewissen Grad erfolgreich sein.
- Ein weiterer Verbesserungsansatz setzt an den Störungen und Verzögerungen an. Diese können nie ganz vermieden werden. Die Lösung muss also berücksichtigen, dass Störungen normal sind und diese in den Projektablauf eingeplant werden.
- Der nächste Verbesserungsansatz liegt in der Optimierung der Zeitschätzung für die Arbeitspakete. Es gibt ausgefeilte Methoden, die zu fundierteren Zeitschätzungen führen. Aber es wird dennoch niemals möglich sein, durch diese Verfahren die Dauer von Projektschritten exakt vorherzusagen. Unvorhergesehene Störungen und die Vielzahl der Einflussmöglichkeiten verhindern dies.
- Der größte Verbesserungsansatz liegt darin, dass nicht mehr die Einzelaufgabe mit ihren geschätzten Sicherheiten im Fokus steht, sondern das Gesamtprojekt. Durch die Absicherung der Einzelaufgaben kann der Projektendtermin nicht abgesichert werden: so die Erkenntnis aus der Untersuchung des Analyseteams. Wenn es also auf die pünktliche Fertigstellung des Projektes ankommt, benötigt Toggotec einen Ansatz, der das Gesamtprojekt

absichert. Kosten, Termine und Kundenanforderungen müssen erfüllt werden.

Aus diesen Überlegungen ergeben sich die Anforderungen an eine verbesserte Projektmanagementsystematik:

Wo liegt die Kernursache?

Das System muss berücksichtigen, dass

- es Abhängigkeiten zwischen Aufgaben und Ressourcen gibt;
- Projekte Störungen und Verzögerungen beinhalten;
- Mitarbeiter als zuverlässige Mitarbeiter angesehen werden wollen;
- Zeiten für einzelne Projektschritte nicht exakt vorhergesagt, sondern nur geschätzt werden können;
- die Lösung nicht mehr darauf basieren darf, dass der rechtzeitige Projektabschluss dadurch sichergestellt wird, dass einzelne geschätzte Projektschritte mit festen Terminen belegt werden.

Wenn dies realisiert wird, dann gehen durch Parkinson's Law, das Studentensyndrom und die Verkettung von Aufgaben keine Sicherheiten mehr verloren. Die Sicherheiten können dann für die Zwecke genutzt werden, für die sie gedacht waren – nämlich für das „Auffangen" von Störungen.

Mit der Anforderungsliste und den Analyseerkenntnissen beginnt nun das Analyseteam, die Critical-Chain-Lösung für das Einzelprojekt zu entwickeln.

5.2 Lösung: Critical-Chain-Projektmanagement

Zur Erarbeitung der Lösung zieht das Analyseteam das Folgeprojekt von ROBI 1 heran. Es wird gerade geplant, ist aber noch nicht gestartet. Als erstes werden die Projektbeteiligten von ROBI 2 in Critical-Chain-Projektmanagement geschult. In der Schulung bestätigen die Teilnehmer die Existenz von Sicherheiten im Projektplan.

Den Projektbeteiligten wird erklärt, dass zukünftig niemand mehr an der Termineinhaltung der Einzelaufgabe gemessen wird. Jeder hat die Zeit, die er für die Erledigung seiner Aufgabe benötigt. Wenn der jeweilige Mitarbeiter an der Reihe ist, muss er allerdings zu 100 Prozent an der Projektaufgabe arbeiten, er darf kein schädliches Multitasking betreiben. Hierfür müssen die Führungskräfte Sorge tragen.

Dies sind die neuen Führungsgrundsätze:

„Niemand trödelt absichtlich oder verzögert Arbeiten bewusst. Treten Störungen auf, müssen genügend Kapazitäten im Projekt vorhanden sein, dass diese Störungen nicht den Projektendtermin gefährden. Die Zeitschätzungen für Arbeitspakete bleiben Schätzungen. Kein Projektleiter wird zukünftig die von den Projektteammitarbeitern gemachten Aufgabenschätzungen als verbindliche Fertigstellungstermine in Projektpläne eintragen. Niemand wird mehr an der Einhaltung seines einzelnen Fertigstellungstermins gemessen."

Dies ist die Basis zur Umstellung des vorhandenen alten ROBI-2-Projektplanes in einen Critical-Chain-Projektplan. Der neue ROBI-2-Projektplan muss sicherstellen, dass Parkinson's Law, das Studentensyndrom und die Verkettung von Aufgaben, welche die Sicherheiten im Projekt verschwenden, nicht mehr zum Tragen kommen.

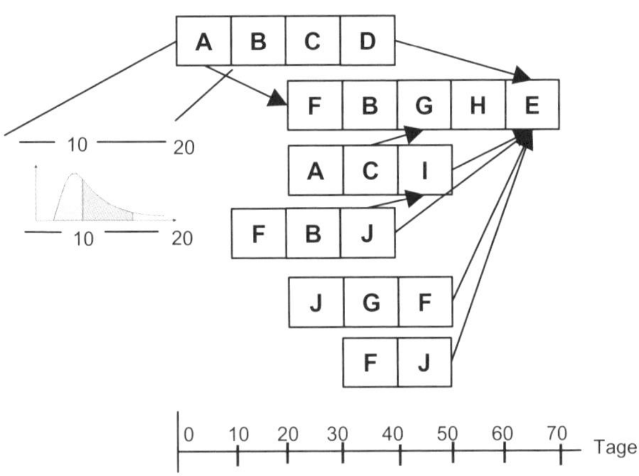

Abbildung 41: Alter Projektplan ROBI 2

Der entscheidende Punkt ist: Nicht mehr die einzelne Aufgabe, sondern das Projektende wird gesichert. Dafür werden die Sicherheiten aus den einzelnen Projektaufgaben (persönliche Zeitpuffer) entfernt und in Summe ans Ende des Gesamtprojekts gesetzt (Projektpuffer).

So sieht die Lösung aus!

Der Projektleiter fragt jeden einzelnen Arbeitspaketverantwortlichen, der an ROBI 2 beteiligt ist, nach seiner Zeitschätzung:

- Wie viel Zeit wird benötigt, wenn ununterbrochen an der Aufgabe gearbeitet werden kann?
- Wie viele Störungen und Verzögerungen müssen für diese Aufgabe eingeplant werden?

Tipp:

Entscheidend für eine effiziente Projektplanung: Den Mitarbeitern wird die Trennung zwischen Nettobearbeitungszeit und der wahrscheinlichen Durchlaufzeit mit Störungen bewusst. Die Führungskräfte müssen die Voraussetzung schaffen, dass die Mitarbeiter ununterbrochen an einer Aufgabe arbeiten können.

Das Mittel aller Sicherheitsschätzungen der Projektbeteiligten liegt bei 50 Prozent. Also besteht nun jedes einzelne Arbeitspaket im Mittel aus 50 Prozent reiner Arbeitszeit und 50 Prozent Sicherheit für Störungen und Unvorhergesehenes. Die 50 Prozent Sicherheit werden nun aus den Einzelaufgaben herausgelöst und an das Ende des Projektes gestellt, sozusagen als Projektpuffer.

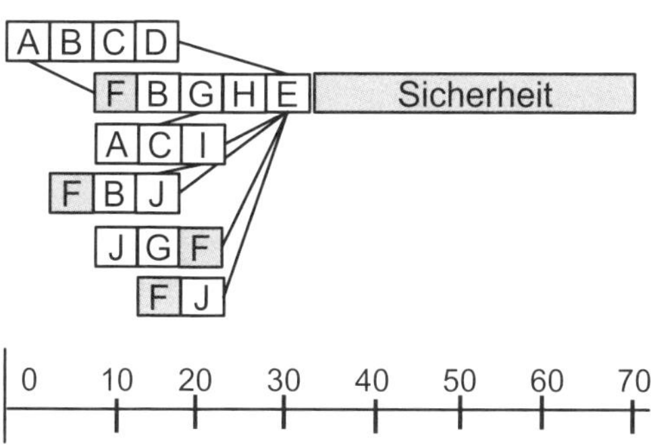

Abbildung 42: ROBI 2 mit Projektpuffer am Projektende

Der Fokus liegt nun auf dem Gesamtprojekt. Jeder hat das Recht, sich vom Projektpuffer zu „bedienen“, wenn Störungen auftreten. Wenn Arbeitspakete in der reinen Nettoarbeitszeit erledigt werden, stellt dies bestimmt eine Ausnahme dar. Parkinson's Law greift nun nicht mehr, denn die Zeit kann sich nicht mehr im einzelnen Arbeitspaket ausdehnen. Auch Verfrühungen können nun theoretisch weitergegeben werden, wenn dazu ein sinnvolles Kommunikationskonzept eingeführt wird (vgl. folgendes Kapitel 5.3)

Wie in Abbildung 42 ersichtlich, dauert das Projekt genau so lange wie es ursprünglich geplant war, mit dem einen Unterschied, dass die Sicherheiten nun am Ende des Projektes stehen. Wird die volle Sicherheitsreserve denn am Projektende benötigt?

Nein. Am Beispiel des Elektronikentwicklers wird es deutlich: Er hat nun nicht mehr die 80 Tage für die Platinenentwicklung zur Verfügung, sondern nur noch 40. Niemand erwartet jedoch von ihm, dass er diese 40 Tage genau einhält.

Der Elektronikentwickler weiß aber, dass er unter idealen Bedingungen eine Platine in dieser Zeit entwickeln kann. Es handelt sich also nicht um ein Luftschloss. Allerdings muss er sich von Anfang an auf diese eine Platine für ROBI 2 konzentrieren und darf keine Störungen zulassen, dazu hätte er auch gar keine Zeit. Er muss die Aufgabe sofort beginnen und ohne Unterbrechung an ihr arbeiten. Treten Störungen trotzdem auf, dann verbraucht er den eingeplanten Projektpuffer.

Da bisher ein großer Teil der Sicherheiten nutzlos verschwendet wurde, kann jetzt am Ende des Projektplanes die Sicherheit um 50 Prozent gekürzt werden; nämlich um eben jenen verschwendeten Anteil. Dies entspricht einer Kürzung der geplanten Projektlaufzeit um 25 Prozent. Aufgrund dieser gründlichen Herleitung in der Schulung stimmen die Mitarbeiter dem auch zu. Der Critical-Chain-Projektplan hat die erste Hürde überwunden. Es besteht selbstverständlich auch Klarheit darüber, dass die übrig gebliebene Sicherheit auf keinen Fall gestrichen werden darf. Weder vom Kunden noch vom Geschäftsführer.

Ein Mitarbeiter bemerkt, dass die Umsetzung dieses Konzepts nur gelingen kann, wenn die Mitarbeiter nicht zwischen vielen Projekten und Aufgaben hin- und herspringen müssen. Das ist das Stichwort für den Multiprojektmanager, um auf die Regeln des Multiprojektmanagements hinzuweisen (siehe Kapitel 3).

Nach genauerer Untersuchung des Projektplanes für ROBI 1 wird festgestellt, dass sich der Entwickler gar nicht auf dem kritischen Pfad befindet. Ein Ausschnitt des Projektplanes ist in Abbildung 43 dargestellt.

Definition: Der kritische Pfad

Der kritische Pfad, wie er von Toggotec benutzt wird, ist so definiert: die längste Folge voneinander abhängiger Aufgaben, ohne Berücksichtigung von Ressourcen.

Dieser Umstand muss unbedingt bei der Projektplanung für ROBI 2 berücksichtigt werden. Der dem Projekt zugeordnete Elektronikentwickler soll ja nicht zwischen den Aufgaben hin- und herwechseln.

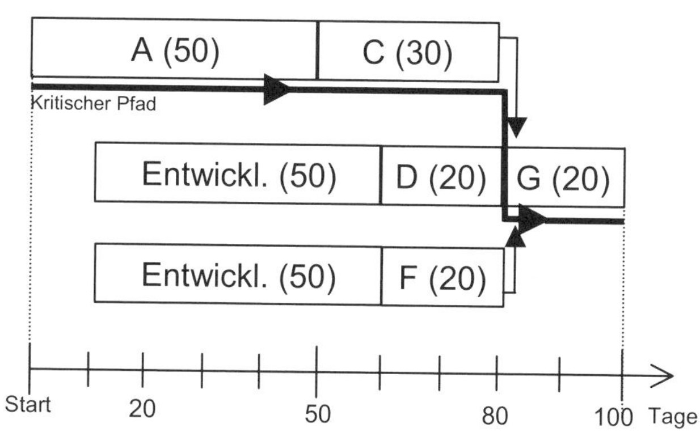

Abbildung 43: Entwickler auf den Zulieferketten

Am Beispiel des Projektausschnittes erläutert ein Mitglied des Analyseteams die Definition der kritischen Kette:

Definition: Die kritische Kette

Die kritische Kette ist so definiert: Sie ist die längste Folge voneinander abhängiger Aufgaben, unter Berücksichtigung von begrenzten Ressourcen. Sie wird durch Zulieferpuffer geschützt und hat nach dem letzten Bearbeitungsschritt einen Projektpuffer, der einem Drittel der Projektlaufzeit entspricht.

Der Ausschnitt von ROBI 2 wird für das Team umgestellt. Abbildung 44 zeigt nun, dass sich der Entwickler auf der kritischen Kette befindet. Die Projektteammitglieder sehen, dass dieser neu entstandene Projektplan mehr der Praxis entspricht. Damit es keine Missverständnisse bei der Erstellung der Projektpläne gibt, wird der Terminus „kritischer Pfad" aus dem Projektmanagementwortschatz verbannt und der Begriff „kritische Kette" eingeführt.

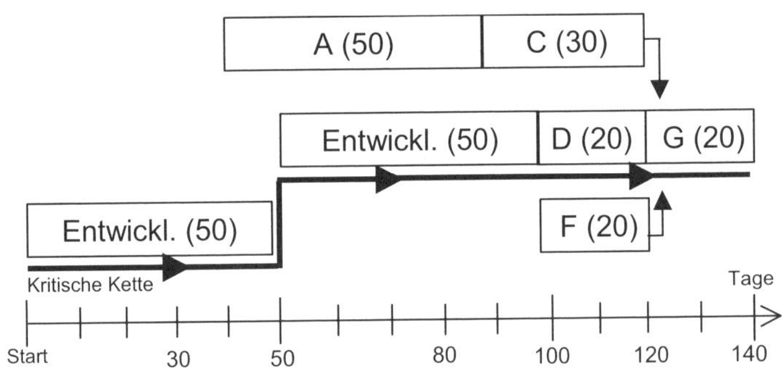

Abbildung 44: Entwickler auf der kritischen Kette

Eine bedeutsame Erkenntnis ist, dass in den alten Projektplänen die konkrete Ressourcenzuordnung (Aufgabe X an Mitarbeiter X) gar nicht richtig stattgefunden hatte. Früher wurde beispielsweise nie der Urlaub der Mitarbeiter berücksichtigt. Die Klärung der Frage, ob eine Ressource auch verfügbar ist, wird ab ROBI 2 fester Bestandteil der Projektplanung sein.

Sichtbar wird auch: Der Sicherheitspuffer, der zuvor in den Einzelaufgaben versteckt war, befindet sich nun am Ende der kritischen Kette. Denn die kritische Kette begrenzt das Einzelprojekt. Kürzer als auf der kritischen Kette kann das Projekt nicht im Projektplan dargestellt werden, wenn alle Abhängigkeiten folgerichtig eingetragen wurden.

Der Projektpuffer beträgt, wie im vorigen Abschnitt beschrieben, aus pragmatischer Sicht in diesem Beispiel 50 Prozent der kritischen Kette.

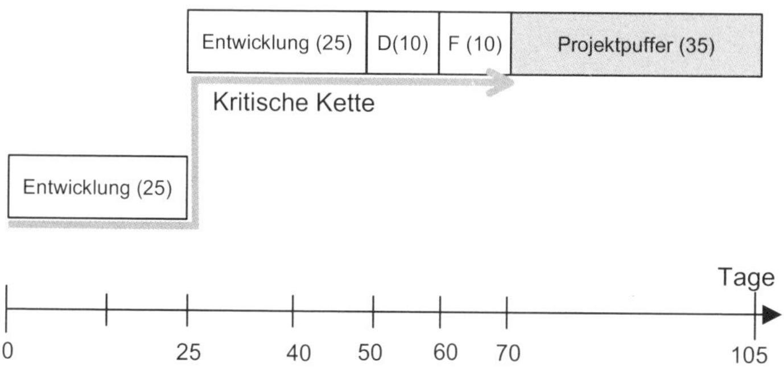

Abbildung 45: Kritische Kette mit Puffer

Der Engpass des Einzelprojektes ist nun identifiziert: Es ist die kritische Kette. Wenn es keinen Fortschritt auf der kritischen Kette gibt, steht das Projekt.

Damit das Projekt nun so schnell wie möglich voranschreiten kann, müssen sich alle anderen Tätigkeiten der optimalen Ausnutzung der kritischen Kette unterordnen. Die kritische Kette bestimmt die Durchlaufzeit des gesamten Projektes. Eine Verzögerung der kritischen Kette würde automatisch zu einer Verzögerung des gesamten Projektes führen. Deshalb müssen bestimmte Regeln und Maßnahmen die kritische Kette gegen Verzögerungen schützen. Die drei wichtigsten Ansätze sind:

- den Projektpuffer schützen;
- Puffer für die Zulieferketten einfügen;
- das Staffelläuferprinzip realisieren (Kapitel 5.3).

Sowohl die Geschäftsleitung von Toggotec als auch die Mitarbeiter verstehen, wie notwendig dieser Projektpuffer am Ende des Projektes ist, um das Vorhaben pünktlich abzuschließen. Auch das Management darf den Projektpuffer nicht verändern.

Achtung:
Auch die Geschäftsleitung hat keinen Zugriff auf den Projektpuffer!

Absolut tabu sind Wünsche nach Vorverlegung des Projektendtermins. Damit würde der gesamte Projektplan hinfällig. Kunden, die nicht mit dem System der kritischen Kette vertraut sind, wird der Projektpuffer nicht gezeigt. Kunden und Lieferanten, mit denen große Projekte durchgeführt werden, müssen jedoch in den Critical-Chain-Ansatz integriert werden (vgl. Kapitel 7, Critical Supply Chain).

Zurück zu ROBI 2: Der Entwickler, der sich nun auf der kritischen Kette befindet, hat die geforderten vier Platinen gebaut. Jetzt wäre es natürlich ärgerlich, wenn andere Arbeitsergebnisse fehlten – z. B. das Gehäuse oder das Maschinenbett, die sich zwar nicht auf der kritischen Kette befinden, aber für die Inbetriebnahme notwendig sind. Deshalb wird die kritische Kette durch einen „Zulieferpuffer" vor Verspätungen auf der zuliefernden Kette geschützt.

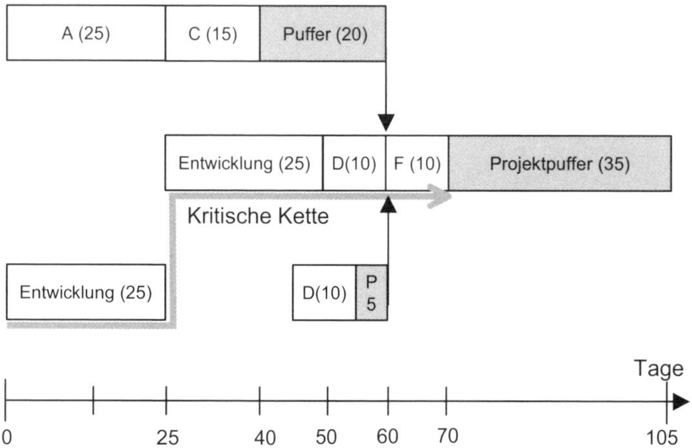

Abbildung 46: Puffer auf den zuliefernden Ketten

Dieser Puffer schützt nicht nur die Inbetriebnahme vor einer Verspätung, sondern in dem Falle, dass der Entwickler schneller als geschätzt die Platinen fertig gestellt hat, kann auch die Inbetriebnahme bereits früher stattfinden. Wahrscheinlich wird das Gehäuse und das Maschinenbett sowieso bereits innerhalb der Pufferzone bereitgestellt.

Der Start von zuliefernden Ketten wird dann nicht mehr wie bisher durch einen bestimmten Termin ausgelöst, sondern durch den Fortschritt auf der kritischen Kette. Wenn also der Platinenentwickler mitteilt, dass er noch 20 Tage benötigt, dann wäre dies der Start für die Gehäuseproduktion – also wie gefordert so spät wie möglich, aber unter Berücksichtigung einer sinnvollen Sicherheitsreserve.

Um ein Projekt beschleunigen zu können, wird eine verbesserte Kommunikation und Abstimmung im Projekt benötigt. Denn wenn ein Projektmitarbeiter eine Aufgabe früher abschließt, dann sollte dieser erfreuliche Zustand dazu genutzt werden, das Gesamtprojekt zu beschleunigen. Die so gewonnene Zeit kann dann mit Störungen, die an anderer Stelle im Projekt auftreten, quasi ausgeglichen werden. Dies kann nur mit einer geregelten Kommunikation funktionieren. Erfreulicherweise harmonisiert sie mit den in Kapitel 3.4 beschriebenen Kommunikationsanforderungen für das Multiprojektmanagement, so dass für die gesamte Projektmanagementsteuerung das Staffelläuferprinzip eingesetzt werden kann.

5.3 Staffelläuferprinzip

Nachdem die ersten Erfolge durch die geänderte Multiprojektorganisation und Einzelprojektplanung in Sichtweite gekommen sind, wird die Forderung nach einer anderen Besprechungskultur im Projekt laut. Sie erinnern sich: Die Kommunikation bei Toggotec ist schlecht. Jeder schimpft über jeden. Das muss sich ändern.

So sieht die Lösung aus!

Der Rahmen wird wie folgt festgelegt: „Wir wollen wieder *mit*einander kommunizieren – nicht *über*einander. Die Projektinformationen werden transparent für alle sein. Wenn ein Projektmitarbeiter mit seiner Aufgabe früher als geplant fertig wird, kommuniziert er dies so, dass der Nachfolger sofort beginnen kann. Wenn jemand später als geplant fertig wird, informiert er seinen Nachfolger ebenso."

Es stellt sich die Frage: Wie lässt sich diese neue Kommunikationskultur umsetzen? Noch mehr Projektmeetings? Sicher nicht. Es muss eine andere Lösung geben. Der Geschäftsführer von Toggotec gibt dem Analyseteam einen Tipp: „Wenn wir unsere Projekte beschleunigen wollen, dann müssen wir von denen lernen, die am schnellsten sind."

Reibungslose Übergabe

Beim Staffellauf in der Leichtathletik zum Beispiel gelten für den Staffelläufer einfache Regeln: Während der Läufer auf die Staffelübergabe wartet, bereitet er sich auf eine reibungslose Übergabe vor. Er blickt zurück, um sehen zu können, wann die Staffelübergabe zu erwarten ist. Er läuft an, damit er die richtige Übergabegeschwindigkeit hat, um den Staffelstab ohne Verzögerung zu übernehmen. Wenn der Läufer den Stab übernommen hat, dann besteht seine einzige Aufgabe darin, so schnell zu laufen wie er kann, um den Stab an den nächsten Läufer zu übergeben oder ins Ziel zu tragen. Es würde niemand tolerieren, wenn er zwischendurch einen Hochsprung oder eine Pause macht. Die Übergaben werden im Sport eisern trainiert, denn wenn auch nur ein Staffelläufer den Staffelstab fallen lässt oder die Übergabe nicht funktioniert, wird das Team nicht gewinnen.

Diese einfachen Prinzipien werden auf den Critical-Chain-Projektmanagementansatz übertragen. Jeder Projektmitarbeiter erhält eine Merkkarte mit den neuen Kommunikationsregeln:

- Kommuniziere regelmäßig mit dem Vorgänger darüber, wann die Übergabe der Aufgabe stattfinden kann. Bereite alles für die Übernahme vor.
- Beginne mit der Projektaufgabe, wenn der Vorgänger die Aufgabe übergeben hat. Arbeite zu 100 Prozent an der einen Projektaufgabe, damit diese so schnell wie möglich abgeschlossen wird. Niemand hat das Recht, die Arbeit an der Aufgabe zu unterbrechen.
- Kommuniziere regelmäßig mit dem Nachfolger der Aufgabe darüber, wann die Übergabe der Aufgabe stattfinden kann. Bereite alles für die Übergabe vor.
- Wer früher fertig wird als geplant, informiert den Nachfolger, damit dieser sich vorbereiten und ggf. bereits früher starten kann. Dadurch wird die Termineinhaltung des Gesamtprojektes erheblich unterstützt.

Die Rückmeldung der erledigten Aufgaben außerhalb der Besprechungen kann unterschiedlich erfolgen. Entweder der Projektleiter koordiniert und überwacht zentral die notwendige Kommunikation auf der kritischen Kette; dies hat den Vorteil, dass der Überblick und die Kontrolle in einer Hand liegen. Oder die Rückmeldung wird direkt von dem jeweiligen Projektmitarbeiter in eine einzuführende Software eingegeben; der Vorteil liegt hierbei in der automatischen Aktualisierung des Projektfortschrittes, und der Nachfolger erhält automatisch entsprechend dem Abarbeitungsgrad die gewünschten Informationen. Dies hat jedoch den Nachteil, dass viele Nebeninformationen verloren gehen, die sonst in einem persönlichen Gespräch zwischen Vorgänger und Nachfolger ausgetauscht werden.

Idealerweise empfiehlt sich je nach Unternehmensgröße der Einsatz einer Critical-Chain-Software (vgl. CD-ROM). Zu der direkten Eingabe in das System sollten die Besprechungen zumindest an vereinbarten Stellen der kritischen Kette weiterhin persönlich durchgeführt werden. Die Koordination erfolgt dann durch den Projektleiter.

Die Projektleiter bei Toggotec treffen sich zukünftig jeden Morgen zu einem festgelegten Zeitpunkt mit ihren Projektteams, um höchstens zehn Minuten lang den Fortschritt der wesentlichen Aufgaben zu besprechen.

6 Projekte sinnvoll steuern mit neuen Kennzahlen

Bei Toggotec ist die Einhaltung des Projektbudgets die dominierende Messgröße zur Überwachung der Projekte. Jedoch findet das Analyseteam kein einziges Projekt, das aufgrund von Kostenüberschreitungen abgebrochen wurde. Wozu dient dann diese Kennzahl? Auch in anderen Unternehmen gibt es selten Projekte, die nach der Hälfte oder im letzten Drittel des Projektes aufgrund von Budgetüberschreitungen abgebrochen wurden. Ist diese Kennzahl überhaupt praxistauglich?

Welche Mechanismen führen zu den Schwierigkeiten?

Sicher müssen die Projekte möglichst kostengünstig abgewickelt werden. Es werden aber dringend Messgrößen benötigt, die eine Wahrscheinlichkeitsaussage für die Zukunft geben, damit das Projekt termingerecht, inhaltlich und kostenorientiert gesteuert werden kann. Der Toggotec-Geschäftsführer formuliert die Anforderungen an die Projektsteuerung wie folgt:

Anforderung an die Critical-Chain-Projektsteuerung:
Ein Projektleiter sollte jederzeit fundiert einschätzen können, ob das Projekt rechtzeitig zum versprochenen Termin mit den geplanten Kosten fertig wird.

Dies beinhaltet auch eine Aussage über die Qualität, die Kosten und den Einsatz der Ressourcen der Projektergebnisse. Denn: Wird das mit dem Kunden vereinbarte Ergebnis nicht geliefert, gilt das Projekt als nicht abgeschlossen.

Der Projektleiter benötigt zum einen Informationen darüber, wie weit das Projekt nun tatsächlich fortgeschritten ist. Zum anderen muss er wissen, wie viel Zeit das Projekt noch benötigen wird, um die versprochenen Projektergebnisse zu erzeugen.

Will er seine Kunden über die Projekte informieren, braucht er eine neue Art von Steuerungskennzahlen. Diese müssen über den Stand des Projektes und die Wahrscheinlichkeit, dass das Projekt zuverlässig abschließt, Auskunft geben können. Insbesondere geht es um die im Magischen Dreieck verankerten Ziele: Kosten, Termin und Qualität.

6.1 Außer Kraft: das „magische Dreieck"

Der Geschäftsführer von Toggotec stellt den Zielkonflikt in Frage, der im magischen Dreieck verankert ist. Das magische Dreieck gelte nicht für Toggotec, so seine Einschätzung. Alle drei Ziele – Kosten, Termineinhaltung und Kundenanforderungen – müssen in jedem Projekt ohne Kompromisse erreicht werden. Kein Ziel darf zu Lasten eines anderen realisiert werden, Zeit beispielsweise nicht zu Lasten der Qualität, Budget nicht zu Lasten der Termine oder Qualität nicht zu Lasten des Budgets. Er gibt dem Analyseteam die Aufgabe, das magische Dreieck im Umsetzungskonzept für Critical Chain außer Kraft zu setzen.

Das Team macht sich sogleich an die Arbeit. Es untersucht zunächst, wie und an welcher Stelle die Entscheidungen über Termin, Kosten und Ergebnisse in einem Projekt zustande kommen. Der Zeitpunkt, an dem solche Entscheidungen getroffen werden, ist schnell gefunden: Er befindet sich am Beginn eines Projektes. Folgende Fragen stellen sich:

- Was soll das Projekt bringen?
- Welches Ergebnis soll es erzeugen?
- Bis wann soll das Ergebnis erzielt sein?
- Zu welchen Kosten?

Um diese Fragen präzise zu klären, wurde für die Projektauswahl (vgl. Kapitel 2.3) das Anfrage- und Angebotsteam gegründet. Es trägt die Verantwortung, dass nur noch gewinnbringende Projekte von Toggotec ausgewählt und abgewickelt werden. Qualitäts- und Terminaspekte werden in der Startphase mit abgeklärt, so dass alle Voraussetzungen für ein erfolgreiches Projekt geschaffen sind.

Warum klappt es trotzdem nicht? Was läuft schief bei der Auftragsklärung zu Beginn des Projektes?

Welche Mechanismen führen zu den Schwierigkeiten?

Die Antwort: Die Definitionen zu Beginn des Projektes sind zu ungenau. Was am Anfang noch für den Kunden höchste Priorität hat, gilt bereits nach zwei Monaten nicht mehr oder hat eine ganz neue Richtung bekommen. Die Begründung, warum Toggotec mit dem Projekt sicher Geld verdient, wird zu Beginn des Projektes nicht klar herausgearbeitet. Die klassischen Kalkulationen lassen zu viel Spielraum und berücksichtigen den Engpass und evtl. auftretende Störungen kaum (vgl. Kapitel 2).

Das Toggotec-Analyseteam erinnert sich an einen Konflikt der Geschäftsführer aus der Vergangenheit: Ein neuer Antrieb für die Sondermaschinenreihe SK_209 sollte entwickelt werden. Die technische Geschäftsführung forcierte das Projekt mit Nachdruck: „Wenn der Antrieb nicht noch in diesem Jahr entwickelt wird, hat uns der Wettbewerb überholt, dann verkaufen wir gar nichts mehr. Die Präzision und Genauigkeit der Sondermaschinen, die heutzutage gefordert werden, können mit dem alten Antrieb nicht mehr geleistet werden. Daher muss dieses Projekt mit höchster Priorität vorangetrieben werden."

Der kaufmännische Geschäftsführer, dem der Vertrieb unterstellt war, widersprach: „Die neuen Antriebe werden viel zu teuer sein und lassen sich bei den Toggotec-Kunden nicht verkaufen. Außerdem bindet das Entwicklungsprojekt zu viele Ressourcen, das laufende Geschäft wird gefährdet. Was hilft ein neuer Antrieb, wenn dem Unternehmen ‚unterwegs' das Geld ausgeht. Selbstverständlich kann das Projekt durchgeführt werden, aber nur dann, wenn das laufende Geschäft nicht darunter leidet!" – so die Vorgabe des kaufmännischen Geschäftsführers.

Das Resultat: Das Projekt wurde trotz des Einwandes gestartet, jedoch „mit angezogener Handbremse". Das Projekt hatte zwar hohe technische Priorität, wurde aber von der kaufmännischen Seite nicht unterstützt. Wo immer man konnte, zeigte man den Technikern ihre Grenzen: Die erforderlichen Mitarbeiter in diesem Bereich standen dem Projekt nicht ausreichend zur Verfügung. Da der Vertrieb und das Marketing nicht präsent waren, wurde der Antrieb am Markt vorbei entwickelt. Die technikverliebten Entwickler hatten alle möglichen Funktionen integriert, die nun der Markt tatsächlich nicht bezahlen würde. Dies bestätigte zwar den kaufmännischen Geschäftsführer, jedoch musste dieser nun erkennen, dass tatsächlich andere Wettbewerber mit guten Antriebslösungen auf dem Markt waren.

Wo liegt die Kernursache?

Hätte damals ein Team auf Euro und Cent genau ermittelt, welcher zusätzliche Durchsatz (Umsatz – Total Variable Kosten) mit diesem Antrieb gemacht würde, dann wäre leicht ein Konsens in der Geschäftsführung erzielt worden. Die einzelnen Abteilungen bei Toggotec hätten dann besser zusammengearbeitet und es wäre schneller ein marktfähiger Antrieb entstanden.

Ein zweiter Fehler, der damals zu Beginn des Projektes gemacht wurde: Die Techniker wollten alle nur denkbaren Funktionen realisiert sehen. Die „Sinnfrage" wurde nicht gestellt. Die Kostenschätzungen für das Projekt wurden nach Marktgesichtspunkten bewusst niedrig gehalten, damit das Projekt überhaupt genehmigt wurde. Als das Projekt dann bereits nach drei Monaten um ein Vielfaches teurer war als geplant, fing man an, die vormals angeblich so notwendigen Funktionen in Frage zu stellen.

Eine „Task Force" wurde eingesetzt. Sie stellte fest, dass 50 Prozent der anscheinend wichtigen Funktionen für den Projekterfolg nicht nötig waren. Die Verschwendung war offensichtlich. Aber: Für die nun gestrichenen Funktionen lagen bereits Entwicklungen vor, manche waren fast fertig. Mitarbeiter die daran mitgewirkt hatten, wurden demotiviert.

So sieht die Lösung aus!

Es gilt: Die richtige Position des Projektes im magischen Dreieck muss zu Beginn des Projektes klar definiert sein. Dabei muss deutlich werden, aus welchem Grund das angestrebte Ergebnis benötigt wird.

Beispiele:

1. Inhaltliche Anforderung/Qualität: „Ein neuer Antrieb wird benötigt, um wettbewerbsfähig zu bleiben. Sonst wird es uns in fünf Jahren

nicht mehr geben."

2. Terminliche Anforderung: „In zwei Jahren wird der neue Linearantrieb Standard sein. Um wettbewerbsfähig zu bleiben, müssen wir also nachziehen. Der Termin hat oberste Priorität."

3. Kostenorientierter Ansatz: „Unser Antrieb ist im Vergleich zu anderen zu teuer. Um wettbewerbsfähig zu bleiben, benötigen wir eine andere Technologie."

Wenn es nicht grundlegend neue Erkenntnisse gibt, so stehen der Termin und die Qualität des Ergebnisses nach dieser Festlegung – wie in den Beispielen aufgezählt – nicht mehr zur Disposition.

Wenn jetzt eine leicht veränderte Projektbudgetüberschreitung dazu führt, dass der Sinn des Projektes in Frage gestellt wird – dann war es von vorneherein nicht sinnvoll, das Projekt zu starten. „Ein Paradigmenwechsel", so der Geschäftsführer. Die Kosten müssen sich dem inhaltlichen Ergebnis und dem Termin unterordnen. Der Termin wird im Projekt die wichtigste Messgröße sein.

Tipp:

Selbstverständlich können während des Projektverlaufs neue Erkenntnisse dazu führen, dass das Projekt grundlegend verändert und neu ausgerichtet werden muss.

Stellt sich in der Designphase heraus, dass das Projekt fünfmal so teuer wird wie geplant, dann verändert sich natürlich das gesamte Projektbild; dann kann die Sinnfrage durchaus gestellt werden. Nicht aber, wenn die Kosten um lediglich fünf Prozent höher als ursprünglich geplant liegen.

Zum Start des Projektes müssen Ergebnis, Termin und Kosten festgelegt werden. Leichte Kostenüberschreitungen dürfen nicht dazu führen, dass das ganze Projekt in Frage gestellt wird. .

Die laufende Steuerung des Projektes bezieht sich in erster Linie auf das Ergebnis zu einem bestimmten Zeitpunkt. Erst nachgelagert spielt das Projektbudget bei der Steuerung eine Rolle.

Wie sehen nun die einzelnen Steuermessgrößen aus? Wie werden sie definiert und angewendet? Entsprechend den Erkenntnissen aus diesem Kapitel sind die nächsten Abschnitte wie folgt aufgebaut: Zunächst definieren wir die zeitlichen und inhaltlichen Steuermessgrößen, um anschließend die Steuerung der Projektkosten in Kapitel 6.4 zu erläutern.

6.2 Steuerung des zeitlichen und inhaltlichen Fortschritts

Zur Steuerung des einzelnen Projektes ebenso wie zur Steuerung der Multiprojektumgebung verwendet der Critical-Chain-Ansatz nur eine Steuerungskennzahl: den Projektstatus. Dieser setzt sich aus den beiden Messgrößen Projektfortschritt und Pufferverbrauch zusammen. Wie der Projektleiter den Überblick über die Kosten behält, wird in Kapitel 6.4 ausführlich erörtert. Wir kommen zunächst zu den zeitlichen und inhaltlichen Projektvereinbarungen.

Messgröße Projektfortschritt

Welche Mechanismen führen zu den Schwierigkeiten?

Die Toggotec-Projektleiter berichten, dass oft die letzten zehn Prozent eines Projektes noch mal genau so lange dauern, wie die ersten 90 Prozent. Ein Grund dafür liegt darin, dass der Projektfortschritt falsch gemessen wird. Der Projektfortschritt wird in das Verhältnis zum Ressourcenverbrauch gesetzt, was viele Projektleiter in die Irre führt. Die eigentlichen Stolpersteine des Projektes, z. B. die Einigung mit dem Kunden über bestimmte Leistungsparameter, die sich durch Änderungen ergeben, werden nur mangelhaft berücksichtigt bzw. ausgeräumt und von einer Projektphase in die nächste verschoben.

„Die einzelnen Meilensteine oder Phasen", so ein Projektleiter, „sind eigentlich nie vollständig abgeschlossen, einige Parameter fehlen immer. Sie werden jedoch als vollständig gemeldet, da sonst das Projekt nicht weiterlaufen kann und der Druck von der Geschäftsleitung zu groß wird. Die Einigung mit dem Kunden hat ja unmittelbar keine Auswirkung auf die nächste Phase. Erst in der Testphase bei Meilenstein acht in unserem Beispiel wird es entscheidend, welche Leistungsparameter definiert werden. Dann wird, wie bei unserem letzten Projekt ROBI 1, auf einmal der Sortierer zu klein oder die Steuerungssoftware muss umprogrammiert werden. Durch die ‚Troubleshooting-Aktionen' zum Projektende hin erstaunt es dann niemand mehr, dass dort die langen Verzögerungen stattfinden. Ein Schuldiger wird auch immer schnell gefunden – der Kunde. Er kann sich ja bis zum Schluss nicht entscheiden was er will", so die Rechtfertigung des Projektleiters. Heute wird bei Toggotec das Projekt erst fortgesetzt, wenn die festgelegten Voraussetzungen in der jeweiligen Projektphase erfüllt sind.

Wo liegt die Kernursache?

Wenn die verbrauchten Ressourcen im Verhältnis zu den für das Projekt geplanten Ressourcen gemessen werden, so gibt dieser errechnete Wert keine realistische Auskunft über den Projektfortschritt. Denn obwohl viele Ressourcen verbraucht werden, kann ja der Projektfortschritt trotzdem stagnieren. Diese Berechnungsmethode wird aber in vielen Projekten und Projektumgebungen zur Messung des Projektfortschritts angewandt.

So sieht die Lösung aus!

Beim Critical-Chain-Ansatz wird der Projektfortschritt dagegen am Fortschritt der Ergebnisse auf der kritischen Kette gemessen. Die folgende Abbildung illustriert den Unterschied.

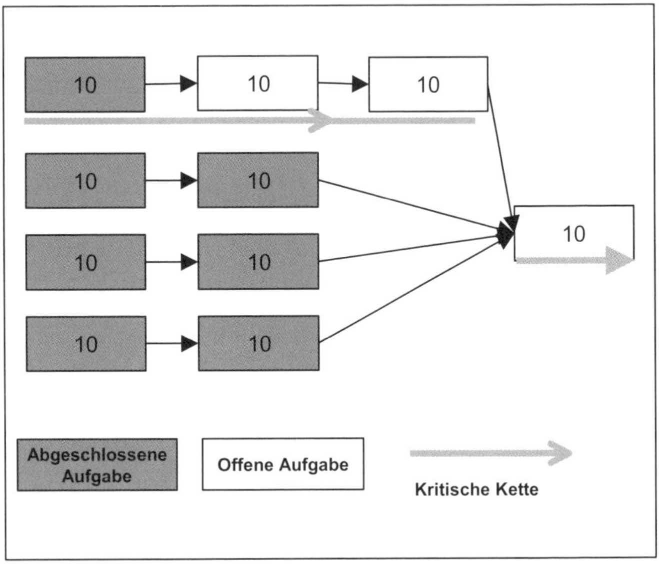

Abbildung 47: Messung des Projektfortschrittes

Jedes Kästchen symbolisiert zehn Tage. Der geplante Aufwand für das Projekt beträgt 100 Tage. Nach klassischem Vorgehen, also durch die Messung des Ressourcenverbrauchs, meldet der Projektleiter, dass bereits 70 Prozent des Projektes abgeschlossen sind. Genauer betrachtet sind jedoch erst 20 Tage verstrichen und noch schätzungsweise 30 Tage zu leisten. Gemessen am Fortschritt auf der kritischen Kette ist das Projekt erst zu 25 Prozent abgeschlossen. In Bezug auf die noch zu erwartende Projektlaufzeit ist dies die realistischere Aussage.

An dieser Stelle sei noch einmal darauf hingewiesen, dass die Messung des Projektfortschrittes mit der Critical-Chain-Methode nur dann realistische Werte ergibt, wenn die Projektpläne (wie in Kapitel 4 beschrieben) mit Hilfe der Stolpersteine und den jeweiligen korrekten Abhängigkeiten aufgebaut wurden.

Messgröße Pufferverbrauch

Die zweite Messgröße gibt Auskunft über den Verbrauch des Projektpuffers. Wir unterscheiden zwischen einem zeitlichen Projektpuffer und einem Kostenpuffer zum Ende des Projektes. Aufgrund der Bedeutung der Projektkostensituation erfolgt die Herleitung des Kostenpuffers in Kapitel 6.4.

So sieht die Lösung aus!

Zunächst beschränken wir uns auf den zeitlichen Projektpuffer: Die kritische Kette besteht aus folgenden Phasen und Aufgaben:

- Entwicklung: 25 Tage;
- zweite Entwicklungsphase: ebenfalls 25 Tage;
- Aufgabe D: 10 Tage;
- Aufgabe F: ebenfalls 10 Tage;
- am Ende der kritischen Kette: Projektpuffer mit 35 Tagen.

Diese Systematik haben wir bereits in Kapitel 5.2 erläutert.

Wenn nun eine der Aufgaben auf der kritischen Kette länger braucht als geplant, dann wird dadurch der Projektpuffer am Ende der kritischen Kette „verzehrt". Benötigt der Entwickler beispielsweise nicht 25 Tage für den ersten Teil der Entwicklung, sondern 40 Tage, dann sind 15 Tage des Projektpuffers bereits verbraucht.

Genauso verhält es sich mit dem Zulieferpuffer. Der Zulieferpfad zur kritischen Kette – z. B.: A mit 25 Tagen und C mit 15 Tagen – hat, bevor er in die kritische Kette einmündet, einen Zulieferpuffer von 20 Tagen. Auch dieser wird verzehrt, sobald A oder C länger für ihre Aufgaben brauchen als geplant. Wenn A und C zusammen länger als 60 Tage benötigen, ist der Zulieferpuffer verbraucht, jeder weitere benötigte Tag führt nun dazu, dass der Projektpuffer am Ende der kritischen Kette genutzt werden muss, denn F kann in diesem Fall nicht mehr rechtzeitig starten.

Die Puffer am Ende der kritischen Kette und am Ende der zuliefernden Ketten werden also im Laufe des Projekts aufgezehrt (vgl. Abbildung 48). Die Geschwindigkeit des Verbrauchs zeigt die Sicherheit des Projektes an. Je langsamer der Projektpuffer – im Verhältnis zum Projektfortschritt – verbraucht wird, umso sicherer ist das Projekt. Dieser Grundsatz gilt analog auch für die zuliefernden Ketten. Auf der sicheren Seite sind die Zulieferketten, wenn sie jeweils ihren Projektpuffer langsamer verbrauchen als sie mit ihrer Arbeit inhaltlich fortschreiten. So lange dieses Verhältnis zwischen verbrauchten Projektpuffern und Arbeitsfortschritt stimmt, braucht niemand zu warnen. Wird – gemessen am Fortschritt – überproportional viel Puffer verzehrt, ist das Projekt stark gefährdet.

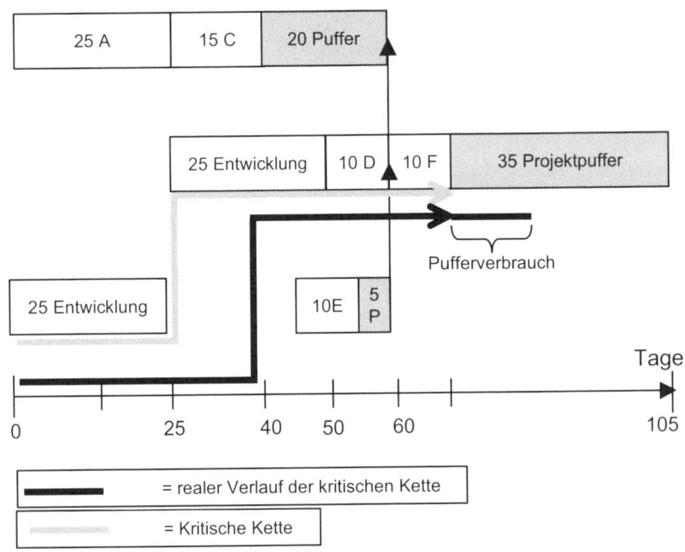

Abbildung 48: Pufferverbrauch

In Abbildung 48 erkennt der Projektleiter, dass das Projekt stark gefährdet ist.

Messgröße Projektstatus

Der Pufferverbrauch allein sagt nur wenig aus. Aber in Kombination mit dem Fortschritt auf der kritischen Kette erhält der Projektleiter eine klare Auskunft über den Projektstatus. Der Projektstatus sagt aus, wie sicher das Projekt nach aktuellem Erkenntnisstand den gesetzten Termin einhalten wird.

So lange die kritische Kette und die Zulieferketten jeweils ihren Projektpuffer langsamer verbrauchen, als sie mit ihrer Arbeit inhaltlich voranschreiten, so lange sind sie auf der sicheren Seite und brauchen keine Warnung zu geben. Es geht also um das Verhältnis zwischen Pufferverbrauch und Fortschritt auf der kritischen Kette. In Schaubild 49 ist dies an der Steigung der Linien erkennbar. Ist die Steigung bezogen zur X-Achse größer als 45 Grad, bedeutet dies, dass der Pufferverbrauch schneller voranschreitet als der Fortschritt auf der kritischen Kette. Der Projektleiter wird sich nun frühzeitig überlegen, wie er dem Zustand entgegenwirken kann.

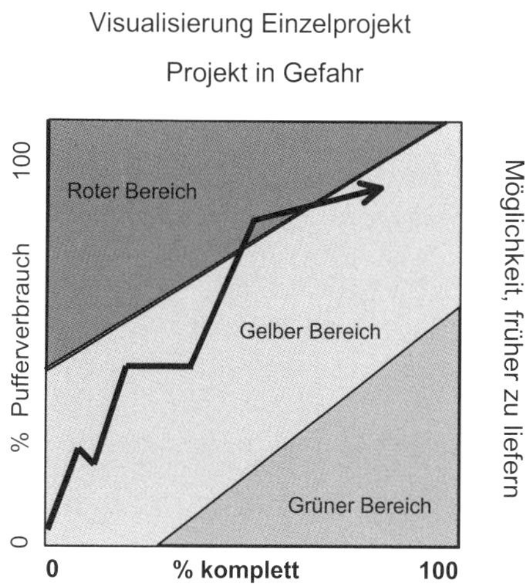

Abbildung 49: Visualisierung Projektstatus Einzelprojekt

Der Projektstatus kann während der gesamten Projektlaufzeit verfolgt werden, so dass man erkennt, wie sich das Projekt über die Zeiten entwickelt. Die Veränderung des Projektstatus ermöglicht eine Aussage darüber, ob eine ergriffene Maßnahme erfolgreich war.

Praxisbeispiel: Das Projekt PARIS befindet sich in Verzug, es wurde bereits am Anfang des Projektes viel Projektpuffer verbraucht. Das Projekt steht in der roten Zone (siehe Abbildung 49). Der Projektleiter fordert nun einen zusätzlichen Konstrukteur an und erhält diesen sofort. In den nächsten Tagen können alle Beteiligten an der Entwicklung des Projektstatus erkennen, ob sich das Projekt durch den Einsatz des zusätzlichen Mitarbeiters verbessert. Die Kurve müsste nun nicht mehr steil aufwärts, sondern waagerecht verlaufen. Die rote Zone wird verlassen, das Projekt wird sicherer (vgl. Abbildung 49).

Den Projektstatus verwendet der Projektleiter, wenn er Verstärkung und Unterstützung einfordern muss. Er kann sagen: „Wenn ich diese Ressource, die ich brauche, nicht bekomme, dann wird sich der Projektstatus in den nächsten Tagen senkrecht nach oben entwickeln und wir rutschen in die rote Zone. Wenn ich ihn aber bekomme, dann wird sich der Projektstatus voraussichtlich waagerecht entwickeln und wir bleiben im gelben Bereich oder erreichen den grünen Bereich."

Multiprojektcontrolling

Es gilt die Regel: Projektportfolio geht vor Einzelprojekt. Daher wird, wie in der folgenden Abbildung ersichtlich, nicht nur der Status des einzelnen Projekts visualisiert, sondern der Status aller laufenden Projekte. Die Geschäftsleitung erhält einen regelmäßigen schnellen Überblick zum Stand des Projektportfolios.

Die Kennzahl „Projektstatus" ermöglicht es, mehrere oder viele Projekte gleichzeitig in einer gemeinsamen Übersicht zu betrachten – unabhängig von der Größe und Art der Projekte. Alle Projektleiter können so gemeinsam an die Geschäftsleitung berichten, und es fällt leicht, die richtigen Entscheidungen zu treffen, wenn mehrere Projekte dringend dieselben Ressourcen benötigen.

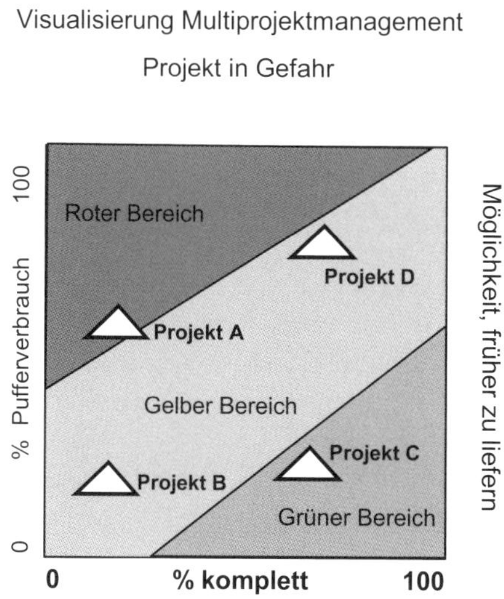

Abbildung 50: Visualisierung Projektstatus Multiprojekt

Praxisbeispiel: Bei einem Sensorenentwickler muss entschieden werden, ob die Nullserie für den Kunden A oder die des Kunden C zuerst produziert wird. Früher wäre das Projekt des Kunden C vorgezogen worden, da es sich bei C um einen der größten Kunden handelt, den der Vertriebsleiter persönlich betreute. Aufgrund des Projektstatus (siehe Grafik) entscheidet man sich jedoch für A, und so können beide Projekte noch termingerecht abgeschlossen werden.

6.3 Sicherstellung des inhaltlichen Ergebnisses

Welche Mechanismen führen zu den Schwierigkeiten?

Ein Qualitätsmanager aus der Toggotec GmbH erinnert sich an die frühere Arbeitsweise: „Als Toggotec vor fünf Jahren eine Reihe von Qualitätsproblemen in den Projekten hatte, holte das Unternehmen externe Unterstützung. Diese analysierte damals die Qualitätsprobleme, führte neue Methoden ein und setzte in fehleranfälligen Bereichen neue Standards. Viele der monierten Fehler verschwanden dann auch, doch es entstanden neue Fehlerquellen an anderen Stellen. Der Qualitätsbeauftragte kam damals mit der Erstellung von Checklisten, Arbeitsanweisungen und Qualitätsmethoden nicht mehr hinterher. Ein Workshop jagte den anderen. Die Stimmung im Projektteam wurde schlechter, der Verwaltungsaufwand stieg an. Es war klar, dass die herkömmlichen kostenorientierten Methoden nicht griffen.

Je stärker sich Qualitätsprobleme bei Toggotec verbreiteten, desto ausführlicher und häufiger wurden die Qualitätskontrollen und Review-Termine durchgeführt. Teilweise wurden sie in den damals noch gültigen Meilensteinplan eingetragen und verlängerten die Projekte erheblich. Im Nachhinein brachten die langwierigen Problembesprechungen (in denen die Mitarbeiter sich ohnehin nur rechtfertigten) Toggotec nicht richtig voran."

Das Analyseteam erkennt die negative Endlosschleife, in die Toggotec hineingetrieben worden war, und wirft gemeinsam mit den Projektleitern die meisten Projektmanagementstandards über Bord.

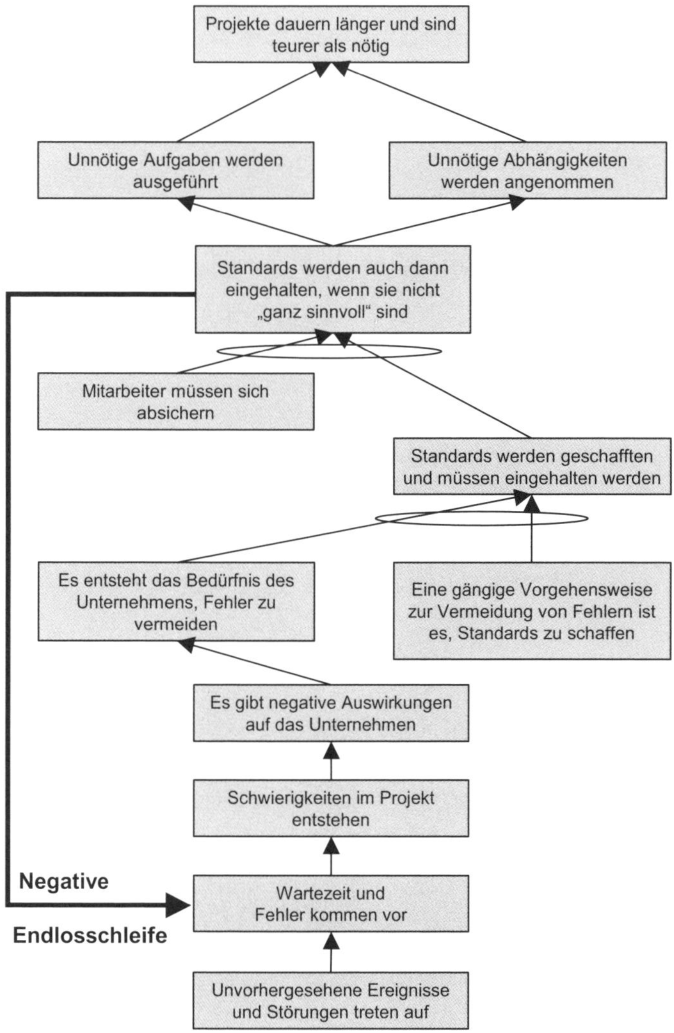

Abbildung 51: Gegenwartsbaum der vielen Standards

In Projekten entstehen Schwierigkeiten durch unvorhergesehene Ereignisse und Fehler. Führungskräfte, die das in den Griff bekommen möchten, begegnen den Fehlern mit dem Einsatz von Standards. Handelt es sich um einen systematischen, also immer wiederkehrenden Fehler, hat dies auch seine Berechtigung. Sind die Fehler jedoch unberechenbar und treten immer in anderer Ausprägung auf, können die Standards leicht zu einer Bürokratisierung der Organisation führen. Dann werden nämlich die Standards auch eingehalten, wenn sie nicht sinnvoll sind, was wiederum unnötigen Aufwand erzeugt und zu neuen Fehlern und Schwierigkeiten führen kann. Dann entsteht das Bedürfnis der Führungskräfte, die Standards noch zu verfeinern, ein Teufelskreis beginnt.

Die Standardfalle, wie sie in Abbildung 51 beschrieben ist, hat den unerwünschten Effekt, dass Unternehmen, die zu viel in ihrer Organisation regeln möchten, zu langsam werden. Gerade in Projekten, die immer mit unvorhergesehenen Ereignissen umgehen müssen, darf keine „Bürokratie" etabliert werden, denn sie verhindert die Veränderungen. „So viele Standards wie nötig, so wenige wie möglich", heißt heute die Devise bei Toggotec. Wie lassen sich nun die Stellen identifizieren, an denen unbedingt Standards benötigt werden, um den Durchsatz von Toggotec gegen Störungen abzusichern?

So sieht die Lösung aus!

Hier die Antwort: Wie wir in Kapitel 3.4 beschrieben haben, steht das gesamte System still, wenn der Engpass nicht arbeitet. Daher gilt es, diesen Engpass zu optimieren, damit mehr Durchsatz erzeugt werden kann. Die größte Verschwendung wäre es, wenn der Engpass an fehlerhaften Zwischenergebnissen arbeitet. Arbeitet beispielsweise der Elektronikentwickler mit falschen Konstruktionsdaten, kann dies dazu führen, dass er verschiedene Aufgaben doppelt durchführen muss. Die Gesamtorganisation steht – es wird kein Durchsatz generiert. Deshalb wird in der Multiprojektmanagementumgebung vor der Engpassressource, also bevor der Elektronikentwickler mit seinen Aufgaben beginnt, eine präventive Qualitätsmaßnahme eingeleitet.

Der Engpass des Einzelprojektes ist die kritische Kette. Deshalb wird bei Critical Chain in dem Bereich vor dem Engpass, also vor der kritischen Kette, ein Zulieferpuffer eingeplant. Vor dem Zulieferpuffer erfolgt die präventive Qualitätssicherung für das Endergebnis.

Achtung:
Qualitätssicherung im Projekt findet vor der Engpassressource der Organisation und vor der Einmündung von Zulieferketten in die kritische Kette statt.

Bei Toggotec ist eine Erleichterung im Team zu spüren. Die vielen historisch gewachsenen und teilweise nicht mehr anpassbaren Standards sind ohnehin für die Praxis belanglos geworden. Die Freude darüber, dass man nun auch laut äußern darf, wie praxisfremd einige der alten Anweisungen gewesen sind, ist groß.

In der Projektarbeit, das ist allen klar, muss nun je nach Projektplan überlegt werden, welche Qualitätsmaßnahmen für welche Leistungen sinnvoll sind. Aus den vormaligen Qualitäts- und Standardkontrolleuren werden wieder kreative Qualitätsmanager, die aus ihrem Qualitätsbaukasten die richtigen Maßnahmen in die Projektpläne integrieren und das Team bei der Durchführung effizient unterstützen.

6.4 Critical Chain und die Kosten

Obwohl die Kennzahl „Projektkosten" bzw. „Projektbudgeteinhaltung" nur bedingt als Steuergröße genutzt werden kann , hat sie ihre Daseinsberechtigung. Stehen beispielsweise Neuverhandlungen mit dem Projektauftraggeber an, der aufgrund einer Änderung das Projekt neu gestalten möchte, muss dargelegt werden können, was die einzelnen, eventuell hinfällig gewordenen Arbeitsschritte gekostet haben.

Um welche Kosten geht es denn im Projekt? Um dies genauer zu betrachten, teilen wir die Kosten in zwei Kategorien ein:

1. Geldmittelzufluss, beispielsweise von Kunden an Toggotec bzw. Geldmittelabfluss an die externe Welt, beispielsweise von Toggotec an Lieferanten: Dies betrifft den Erlös, den Toggotec beim Verkauf bestimmter Waren und Dienstleistungen erzielt, aber auch den Zukauf von Teilen, Leiharbeitern, Material etc. den

Toggotec an andere bezahlt. Dieses Geld hat Auswirkungen auf die Gewinn- und Verlustrechnung im Unternehmen.

2. Die kalkulatorischen Kosten, die durch die Aktivierung von Ressourcen entstehen und bestimmten Projekten zugeordnet werden: Benötigt beispielsweise das Projekt ROBI zum Erstellen bestimmter Teile einen teuren Roboter, so wird der Maschinenstundensatz auf das Projekt gebucht. Kann das Teil jedoch auch mit einer günstigeren Maschine hergestellt werden, dann werden dem Projekt ROBI weniger Kosten belastet. Der Projektleiter wird so versuchen, möglichst wenige Umlagen für sein Projekt zu bekommen, damit er das Projektbudget einhält. Die kalkulatorischen Kosten haben keine Auswirkung auf die Gewinn- und Verlustrechnung; abgesehen von einigen, in der Regel vernachlässigbaren variablen Bestandteilen, wie z. B. Stromverbrauch.

Bisher werden bei Toggotec alle anfallenden Kosten inklusive der kalkulatorischen Stundensätze auf die jeweiligen Projekte gebucht. Diese werden als Maßstab für die Projektkosten herangezogen.

Wo liegt die Kernursache?

Wenn jedoch von den sowieso vorhandenen Ressourcen mehr Arbeit in das Projekt einfließt, dann gibt das Unternehmen tatsächlich nicht mehr Geld aus. Es entsteht nur dann ein Nachteil, wenn der Engpass des Unternehmens mehr Arbeitszeit als geplant in das Projekt einbringen muss. Dann geht dem Unternehmen Durchsatz verloren, das bedeutet weniger Geldmittelzufluss. Es ergibt also keinen Sinn, kalkulatorische Kosten, die nicht den Engpass betreffen, auf ein Projekt zu buchen.

Für das Analyseteam von Toggotec ergeben sich aus dieser Betrachtung wichtige Erkenntnisse: Wenn keine Stunden mehr auf die Projekte gebucht werden, dann haben auf einmal viele Mitarbeiter mehr Zeit, denn das umständliche Verwalten und Berichten dieser Kennzahlen auf lokaler Ebene kann ab sofort entfallen. Die Mitarbeiter müssen sich nicht mehr hinsichtlich ihrer persönlichen Auslastung rechtfertigen.

Es bleiben also noch die Kosten, die Toggotec an andere Organisationen bezahlen muss, die also zu einem direkten Geldabfluss führen. Wie auch bei den Zeitschätzungen werden bei den Kostenschätzungen Sicherheiten eingeplant. Es liegt daher nahe, einen ähnlichen Weg wie bei der Termineinhaltung zu gehen.

Kostenpuffer

So sieht die Lösung aus!

Wie kann man mit dem Geld im Projekt sparsam umgehen? Toggotec benötigt einen Mechanismus, der dafür sorgt, dass Fremdleistungen möglichst kostengünstig eingekauft werden.

Zunächst die Ausgangssituation bei Toggotec, die analog zum Zeitmanagement im Projekt (siehe Kapitel 6.2) gesehen werden kann:

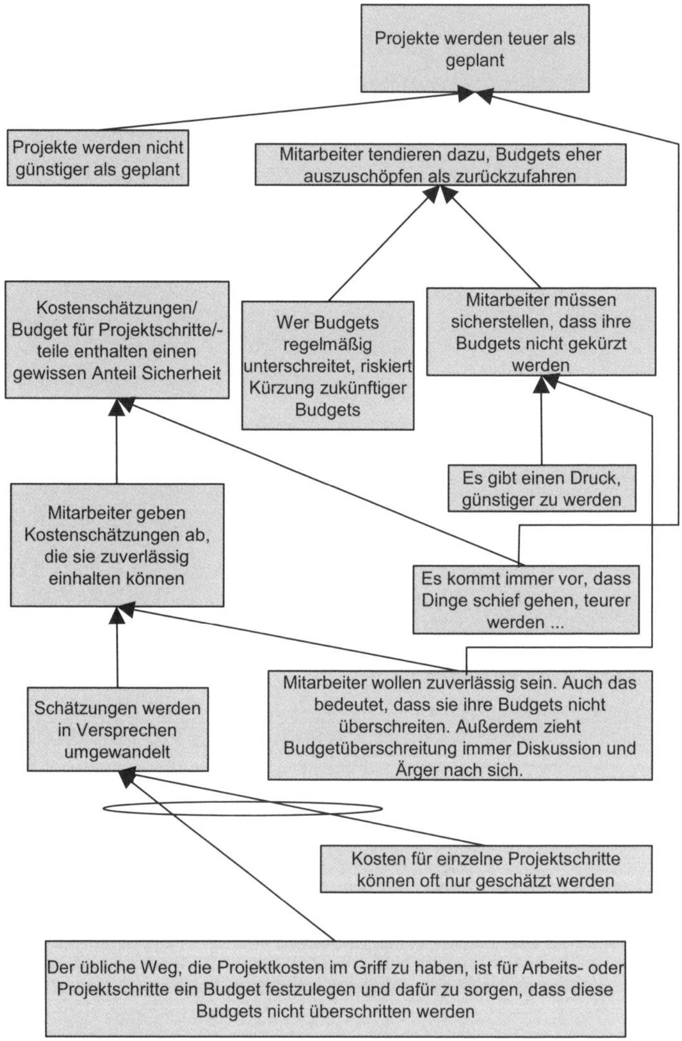

Abbildung 52: Gegenwartsbaum – Projektkosten

Da die für das Projektbudget verantwortlichen Mitarbeiter sich genauso absichern wie die Mitarbeiter, die für die Einhaltung der Termine verantwortlich sind, entstehen die gleichen Mechanismen.

Es sind auch bei den Kosten erhebliche Sicherheiten in die einzelnen Projektteile eingebaut, um das Projektbudget einhalten zu können. Auch diese werden, genau wie bei der Terminverfolgung, im Laufe des Projektes verbraucht oder sogar überschritten. Das Analyseteam stellt überrascht fest, dass die Kosten der letzten 20 Entwicklungsprojekte von Toggotec erheblich über dem geplanten Projektbudget liegen. Der Vorschlag des Analyseteams für die Kosten weicht aufgrund der gleichen Mechanismen nur geringfügig von der Lösung der Probleme bei der Termineinhaltung ab:

Die Projektkosten werden ohne Sicherheiten knapp kalkuliert und gleichmäßig auf die einzelnen Projektteile verteilt. Anstelle der Sicherheiten in den einzelnen Arbeitspaketen wird für das Gesamtprojekt ein Projektkostenpuffer eingerichtet, der die gesamten Sicherheiten bündelt.

Der Projektkostenpuffer hat mehrere Funktionen. Zum einen dient er dafür, unvorhergesehene Kosten zu decken, damit nicht gleich das Gesamtbudget überschritten wird. Zum anderen dient er als Anreiz für die Projektbeteiligten.

Um die Mitarbeiter zum kostenbewussten Handeln zu motivieren, wird der am Ende noch vorhandene Kostenpuffer als Incentive an die Beteiligten ausgeschüttet. Allerdings nur, wenn das Projekt auch rechtzeitig abgeschlossen wird. Der Projektpuffer kann aber auch aufgefüllt werden, wenn Kosten entfallen oder jemand etwas günstiger einkaufen kann.

Das Anreizsystem ist so gestaltet, dass alle Projektbeteiligten zuerst dafür sorgen, dass das Projekt termingerecht abschließt, denn nur dann haben sie einen Anspruch auf den Kostenpuffer. So wird der gesamte Projektdurchsatz beschleunigt und der Geldmittelzufluss erhöht. Erst danach werden die Entscheidungen nach Kostengesichtspunkten gefällt, um das Projekt möglichst unterhalb des geplanten Budgets abzuschließen. Was nichts anderes bedeutet, als den Geldmittelabfluss möglichst gering zu halten.

Beide Strategien führen dazu, dass der Gewinn von Toggotec aufgrund des Anreizsystems steigt.

Finanzstatus des Projektes

Der Projektleiter benötigt nun aber noch eine Kennzahl, um den Kostenstatus seines Projekts zu betrachten. Dies sieht er am finanziellen Projektstatus, der so definiert ist: das Verhältnis zwischen den wertmäßigen Budgetpositionen, die schon als Aufwand gebucht, also wertmäßig im Haus sind, und dem Verbrauch des Kostenpuffers.

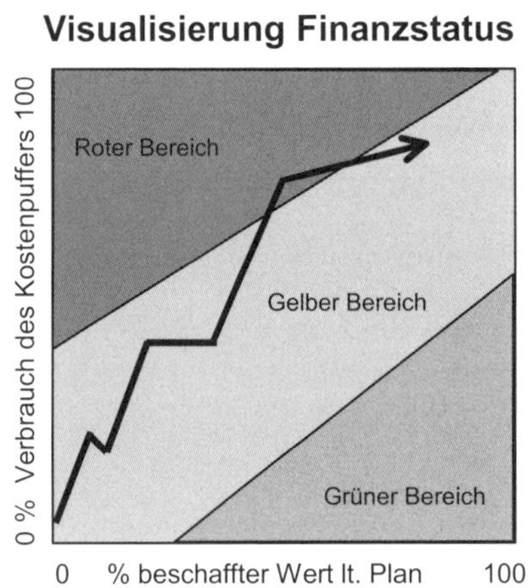

Abbildung 53: Finanzstatus des Projektes (Kostenpuffer)

Critical-Chain-Statusbericht

Die Geschäftsleitung benötigt zur Steuerung des Projektportfolios folgende Basisinformationen:

Die wichtigste Frage, die der Projektleiter im Statusbericht beantwortet: „Haben sich die Grundlagen, die zu Beginn des Projektes definiert wurden, geändert?“ Die zweitwichtigste Frage: „Wie sicher kann der Projektendtermin gehalten werden?“ Dies wird am Verhältnis von Zeitpuffer und Projektfortschritt ermittelt.

Wenn sich mehrere Projekte um Ressourcen streiten, kann nun fundiert ermittelt werden, welches Projekt als erstes unterstützt werden muss. Sollte aufgrund unvorhergesehener äußerer Einflüsse ein Projekt seinen Endtermin voraussichtlich nicht halten können, kann dies nun frühzeitig kommuniziert werden.

Erst an dritter Stelle steht die Frage, die früher höchste Bedeutung hatte: die Frage nach dem Finanzstatus des Projektes. Dieser wird benötigt, damit die Geschäftsführung das finanzielle Projektergebnis prognostizieren kann, um am Ende des Geschäftsjahres nicht überrascht zu werden. Die einzige Entscheidung, die aufgrund des Projektstatus getroffen werden kann, wäre ein Projektabbruch um weiteren Schaden zu begrenzen.

Als letzter Punkt wäre dann noch zu klären, welche Entscheidungen aus Sicht des Projektleiters von der Geschäftsleitung getroffen werden müssen.

Projektname		Datum:
Projektleiter		
Liefertermin		Aktuelle Zufriedenheit des Kunden OK
Status „Zeit“		
Status „Kosten“		
Veränderungen im Projekt, die den Termin, die Kosten oder das Ergebnis betreffen		
Entscheidungs-bedarf für die Geschäftsleitung (Führungskreis)		

Abbildung 54: Beispiel Statusbericht

Die Kultur der Mitarbeiterorientierung

Welche Mechanismen führen zu den Schwierigkeiten?

Bei Toggotec ändert sich mit einem Mal die Führungskultur. Einige Mitarbeiter beobachten, dass sich der Wind um 180 Grad dreht – und zwar in eine günstige Richtung. Die Führung war früher streng kontrollierend: Mitarbeiter, so meinte man, versuchen möglichst wenig zu arbeiten. Deshalb müssen sie kontrolliert werden. Aus diesem Grund werden Mechanismen benötigt, um die Auslastung der einzelnen Mitarbeiter zu erkennen und zu steigern. Dies führt zu den lokalen Effizienzen (vgl. Kap. 3.3). Daraus resultiert, dass Mitarbeiter sich absichern und möglichst viele Stunden auf die Projekte buchen, damit sie ausgelastet erscheinen. Haben die Mitarbeiter gelegentlich zu wenig Arbeit, so suchen sie sich Tätigkeiten – gleich, ob diese Tätigkeiten sinnvoll sind oder nicht. Da man aber die zur Kalkulation gebuchten Stunden des Angebotes heranzieht, die sich aus zurückliegenden Projekten ergeben, wird schnell klar, dass die Projekte auch deshalb nicht mehr wettbewerbsfähig sein können.

So sieht die Lösung aus!

Das Mitarbeiterbild wird mit der Einführung von Critical Chain bewusst und grundlegend geändert. Heute gehen alle Führungskräfte zunächst davon aus, dass alle Mitarbeiter gerne arbeiten und sinnvolle Tätigkeiten gemäß ihrer Kernkompetenz ausführen. Kontrolle wird generell überflüssig – oder nur noch in Einzelfällen nötig. Den Wandel von der Auslastungskontrolle hin zur Unterstützung von Mitarbeitern bezeichnet Toggotec heute als das Kernelement der Mitarbeiterorientierung.

Die Auswirkungen dieses neuen Mitarbeiterbildes sind, so meinen einige Führungskräfte, gigantisch. Da die Ressourcensteuerung über den Engpass erfolgt und die Projektsteuergrößen den Führungskräften einen guten Überblick über Stand und Fortschritt der Projekte geben, haben sie das Gefühl, das Unternehmen „im Griff zu haben". Über den Projektfonds wird ein Anreiz geschaffen, dass sich die Mitarbeiter gegenseitig helfen – was die Zusammenarbeit wesentlich verbessert.

Mitarbeiter können heute bei Toggotec, wenn die entsprechenden Stolpersteine des Projektes überwunden sind, früher nach Hause gehen – was dem Unternehmen Einsparungen bringt. Wenn viel sinnvolle Arbeit ansteht, sind sie bereit an den Projekten länger zu arbeiten, als dies im Arbeitsvertrag verankert wurde. Denn die Mitarbeiter haben nun einen monetären Nutzen, wenn Projekte rechtzeitig unter Plan abgeschlossen werden.

7 Critical Supply Chain – unternehmensübergreifende Partnerschaft

Projekte erfordern innerhalb eines Unternehmens eine bereichsübergreifende Zusammenarbeit. In Kapitel 3.3 haben Sie gelesen, dass bei Toggotec Abteilungen auf die Optimierung ihrer lokalen Effizienzen verzichten können. Die Optimierung des Gesamtunternehmens, so die Quintessenz des Critical-Chain-Multiprojektmanagements, hat immer Vorrang vor der Optimierung des einzelnen Bereiches.

Welche Mechanismen führen zu den Schwierigkeiten?

Fast alle Projekte von Toggotec werden aber nicht nur innerhalb des Unternehmens, sondern auch unternehmensübergreifend gemeinsam mit Partnern abgewickelt. Betrachtet man die „Supply Chain", auch Liefer- oder Wertschöpfungskette genannt, dann wird deutlich: Eine einzelne Sondermaschine von Toggotec stellt oft nur einen Teil einer größeren Produktionsanlage des Kunden dar. Die Toggotec-Sondermaschinen ihrerseits benötigt wiederum Zukaufkomponenten und Rohmaterial, die in Projektarbeit von Lieferanten zugeliefert werden.

Ein großes Projekt, beispielsweise die Erstellung einer Produktionsanlage, hat viele Teilprojekte, die dem Großprojekt untergeordnet sind. Da diese Teilprojekte in der Regel von selbständigen Unternehmen durchgeführt werden, die in erster Linie darauf achten, dass sie mit dem Projekt möglichst viel verdienen, entsteht wieder das Dilemma der lokalen Effizienzen für das Gesamtprojekt.

Ein Beispiel: Toggotec baut eine von vielen Sondermaschinen für eine große Produktionsanlage für die Auto AG. Diese betreibt die Anlage und hat verschiedene Teilprojekte an unterschiedliche Unternehmen vergeben. Toggotec beauftragt den Lieferanten UI-Soft, eine Software für die Steuereinheit zu entwickeln, die Toggotec für den Bau der Sondermaschine benötigt.

Die Auto AG sieht das Gesamtprojekt und erstellt hierfür auch einen Gesamtprojektplan. Die einzelnen Zulieferfirmen sehen jedoch nur ihr Teilprojekt und nicht die gesamte Produktionsanlage. Die Bezeichnung der Projekte lautet dementsprechend für ...

- UI-Soft: „Entwicklung und Lieferung einer Software an Toggotec";
- Toggotec: „Entwicklung und Lieferung einer Sondermaschine an die Auto AG";
- die Auto AG: „Erstellung und Inbetriebnahme der Produktionsanlage zur Herstellung von LKW".

Die Sichtweise der Projekte müsste, aufgrund der Erkenntnisse aus der Multiprojektumgebung, allerdings auf das Ergebnis des Gesamtprojektes ausgerichtet sein, um die Termintreue des Projektes zu gewährleisten. So müsste beispielsweise die Firma UI-Soft gedanklich folgenden Projektnamen führen:

- Entwicklung und Lieferung einer Software für die Steuerung der Sondermaschine, die in eine Produktionsanlage eingebaut wird, welche LKW herstellt mit „SOP" (Start of Production) am 1.7.2009.

7.1 Unerwünschte Effekte in Großprojekten

Die Teilprojekte werden zwar unabhängig voneinander abgewickelt, jedoch gibt es viele Abhängigkeiten auf der Aufgabenebene, die eigentlich berücksichtigt werden müssen. Treten Änderungen in einem Teilprojekt auf, dann kann dies Auswirkung auf alle anderen Teilprojekte haben. In dieser Zusammenarbeit treten aus der Erfahrung von Toggotec regelmäßig folgende Schwierigkeiten auf:

Die Pflichten- und Lastenhefte sind so umfangreich, dass sie im Detail gar nicht zu 100 Prozent erfüllt werden können. Spezifikationen sind nie genau genug. In der Praxis stellen sich dann ganz andere Fragen, die aber noch nicht in den Auftragsunterlagen formuliert sind.

Wenn in einem Teilprojekt bekannt wird, dass es Verzögerungen gibt oder neue Risiken entstehen, dann werden die anderen Teilprojekte, in diesem Fall die Unternehmen, die die Teilprojekte durchführen, wenn überhaupt, sehr spät darüber informiert. Dies führte beispielsweise bei der Produktionsanlage, in die ROBI 1 geliefert wurde, zu erheblichen Nacharbeiten. Die Softwareprogrammierung musste nochmals angepasst werden, was jedoch erst bei der Inbetriebnahme festgestellt wurde. So verzögerte sich das Gesamtprojekt.

Unerwünschte Effekte behindern das Gesamtprojekt:

- Spezifikationen können zu Beginn des Projektes nie zu 100 Prozent geklärt werden.
- Der Informationsfluss zwischen den Teilprojekten wird nicht sichergestellt.
- Informationen über Änderungen, Risiken, Verzögerungen werden nicht rechtzeitig weitergegeben.
- Zwischenergebnisse werden nicht in der erforderlichen Qualität übergeben.
- Teilprojektleiter reagieren bei Verspätungen oder fehlerhaften Arbeitsergebnissen mit einem Eskalationsprozess, der mit dem Projektauftraggeber verhandelt werden muss. Man spricht in der Projektmanagementwelt von sogenannten „Claims"
- Potenzielle Lieferanten behaupten in der Angebotsphase zunächst, dass sie alle Projektanforderungen erfüllen können, um den Auftrag zu bekommen, um anschließend mit Einwänden und Nachforderungen bessere Preise und mehr Zeit zu erzielen.

Die aufgezählten unerwünschten Effekte und Schwierigkeiten werden durch folgenden Kernkonflikt hervorgerufen:

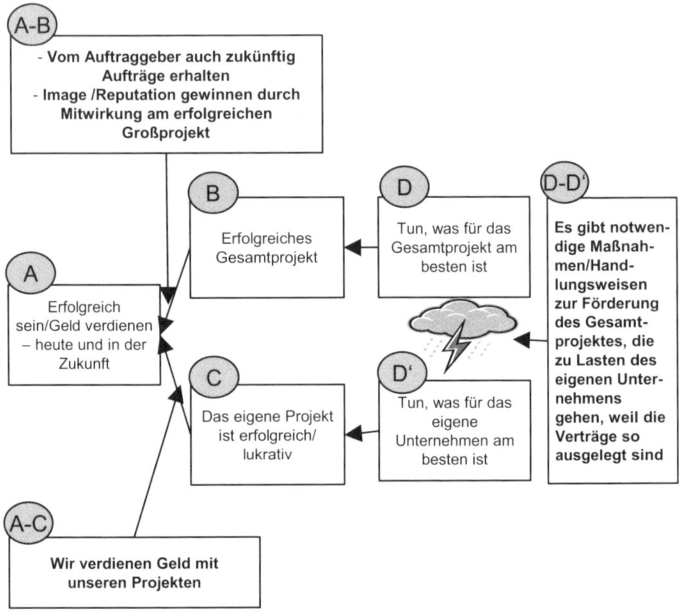

Abbildung 55: Dilemma des Lieferanten

D-D': Es gibt notwendige Maßnahmen bzw. Handlungsweisen zur Förderung des Gesamtprojektes, die zu Lasten des eigenen Unternehmens gehen. Nur weil dies gilt, existiert das Dilemma. Wäre es für den Projektleiter klar, dass immer dann, wenn er etwas für das Gesamtprojekt leistet, er automatisch auch etwas für Toggotec leistet – dann gäbe es diesen Konflikt nicht.

Das Analyseteam von Toggotec benennt Konflikte, die wiederholt in großen Entwicklungsprojekten auftreten und immer dazu führen, dass man Entscheidungen unter lokalen Gesichtspunkten trifft:

Die Auto AG fordert eine Änderung an einer im Bau befindlichen Produktionsanlage. Aus Sicht des Gesamtprojektes wäre es sinnvoll, die Änderung durchzuführen. Toggotec dagegen müsste aufgrund dieser Änderung eine neue elektronische Steuerungseinheit erstellen, dies gefährdete den versprochenen Liefertermin. Die Auto AG würde eine verspätete Lieferung nicht akzeptieren. Es wären Vertragsstrafen fällig. Zudem verursachte die Änderung höhere Kosten bei Toggotec, verschlechterte damit die Profitabilität des eigenen Projektes. Dadurch nähme der Druck im eigenen Unternehmen zu.

Wie in Kapitel 3 erläutert, bringt die von der Auto AG geforderte Änderung die projektübergreifende Planung des Projektportfolios durcheinander. Die für die Durchführung der Änderung erforderlichen Mitarbeiter und Bearbeitungsmaschinen fehlen in anderen Projekten zum zugesagten Zeitpunkt. Andere Projekte werden dadurch verzögert. Konflikte in der eigenen Firma und mit anderen Kunden sind programmiert.

Damit die Änderung nicht zu Lieferterminverzögerungen und zu höheren Kosten führt, kann der Projektleiter einen so genannten „Claim“ stellen. Das heißt, er stoppt die Arbeiten am Projekt und führt die geforderte Änderung nicht durch, sondern stellt nun seinerseits Forderungen – in Form von mehr Zeit oder mehr Geld. Dies verlangsamt das Gesamtprojekt, weil die Forderungen zunächst verhandelt werden müssen, bevor Toggotec die Änderungen durchführen kann.

Das Analyseteam forscht weiter. Der Vertriebsleiter nennt einen weiteren Konflikt aus der Vergangenheit, der dem Gesamtprojekt alles andere als dienlich war: Während der Angebotsphase werden die Projekte mit einem Generalunternehmer der Auto AG besprochen. Es ist klar, dass einige Sicherheiten für Unvorhergesehenes in den Projektplan eingebaut werden sollten, damit Toggotec seine Termin- und Budgetzusagen einhalten kann. Damit aber der Generalunternehmer der Auto AG überhaupt den Gesamtauftrag erhalten kann, müssen alle Sicherheitsreserven gestrichen werden. Das heißt, Toggotec geht mit dem Preis an die Schmerzgrenze und nennt einen Liefertermin, der nur unter idealen Bedingungen erreicht werden kann. Da jedoch auch die Wettbewerber auf diese Art und Weise agieren, hat man aus Sicht von Toggotec keine Chance, den Auftrag zu bekommen. Letztendlich entscheidet sich der Auftraggeber doch noch für Toggotec. Es glaubt aber niemand mehr daran, dass Toggotec mit diesem Projekt noch Geld verdienen kann.

Für das Gesamtprojekt der Auto AG ist dies ebenso ein denkbar schlechter Projektstart, denn Toggotec hat keine Reserven mehr, bei der geringsten Störung wird das Projekt aus dem Ruder laufen.

Ursachen schlechter Zusammenarbeit in Großprojekten

Was waren die Regeln, was war der „innere Mechanismus“ dieser Großprojekte, die dazu führten, dass sich Toggotec mit der Annahme der Projekte selbst schädigte? Hierzu untersucht das Analyseteam die Mechanismen und stößt dabei auf folgende Regeln, die Lieferanten wie Toggotec in ein Entscheidungsdilemma drängen:

Illusion der abgegrenzten Teilprojekte

Große Projekte werden in Teilprojekte zerlegt und an Unterlieferanten vergeben. Es hat den Anschein, dass die Teilprojekte gut voneinander abgegrenzt sind. Jeder der Teilprojekt-Lieferanten soll ein möglichst detailliertes Angebot für sein Projekt erarbeiten. Zudem fordert der Generalunternehmer noch, dass die Lieferanten möglichst viele Risiken übernehmen, damit sein eigenes Budget im Laufe des Projekts nicht überschritten wird. Bei Fehlern muss der Lieferant kostenfrei Ersatz leisten. Zusätzlich muss der Lieferant für die Claims anderer Teilprojekte aufkommen. Dies führt zu Verteidigungskämpfen und zu immer neuen Claims, die letztendlich starke Budget- und Zeitüberschreitungen nach sich ziehen.

Die Annahmen, die dieser Regelung zugrunde liegen, sind folgende:

- Am Anfang des Projektes können Details so klar geregelt werden, dass in der Abwicklung keine Probleme mehr entstehen. Die Realität sieht allerdings anders aus. Zu Beginn des Projektes können viele Dinge noch gar nicht sicher festgelegt werden.
- Eine weitere problematische Annahme: Die Teilprojekte sind voneinander unabhängig. Die Verantwortung für das Teilprojekt kann deshalb klar abgegrenzt werden. Auch diese Annahme wird durch die Praxis nicht bestätigt, wie das Beispiel von Toggotec zeigt. (Es musste beispielsweise aufgrund einer Änderung in der

Produktionsanlage eine komplett neue Softwareprogrammierung bei UI-Soft durchgeführt werden.)

Die aus diesen falschen Annahmen resultierenden Folgen sind absehbar. Die Teilprojektleiter sichern sich nach Möglichkeit ab. Bei der geringsten Abweichung werden neue Forderungen an den Generalunternehmer gestellt. Von Beginn an wird das Gesamtprojekt von einem Arbeitsklima geprägt, dass kein Miteinander, sondern ein Gegeneinander darstellt.

Billiger ist besser?

Teilprojekte werden an möglichst günstig anbietende Lieferanten vergeben. Für die endgültige Lieferantenauswahl hat der Preis die höchste Bedeutung. Diese Regel führt dazu, dass sich potenzielle Lieferanten besser darstellen, günstiger anbieten und mögliche Schwierigkeiten zunächst verschweigen. Dadurch werden mögliche Risiken zu spät aufgedeckt. Die Konsequenz: Versteckte Risiken sind nur dem Lieferanten bekannt – und haben aber zum Teil erhebliche Auswirkungen auf den Projekttermin und die Kosten des Gesamtprojekts. Das eigentliche Geld im Projektgeschäft wird so nicht mit der eigentlichen Leistung, sondern über Claims verdient.

Der Lieferant kommt also günstig an den Auftrag, an dem er eigentlich nichts verdient. Nun ist der Kunde vom Lieferanten quasi abhängig; stellt dieser seine Änderungsforderungen, ist der Kunde dann bereit, fast jeden Preis zu zahlen. Dies führt zu erheblichen Projektterminverschiebungen und Projektbudgetüberschreitungen.

Die Annahme, dass durch die Auswahl von günstigen Teilprojekten das Gesamtprojekt günstig wird, ist falsch.

Zusammenfassend werden die Folgen aus dem Kernkonflikt dargestellt.

Wo liegt die Kernursache?

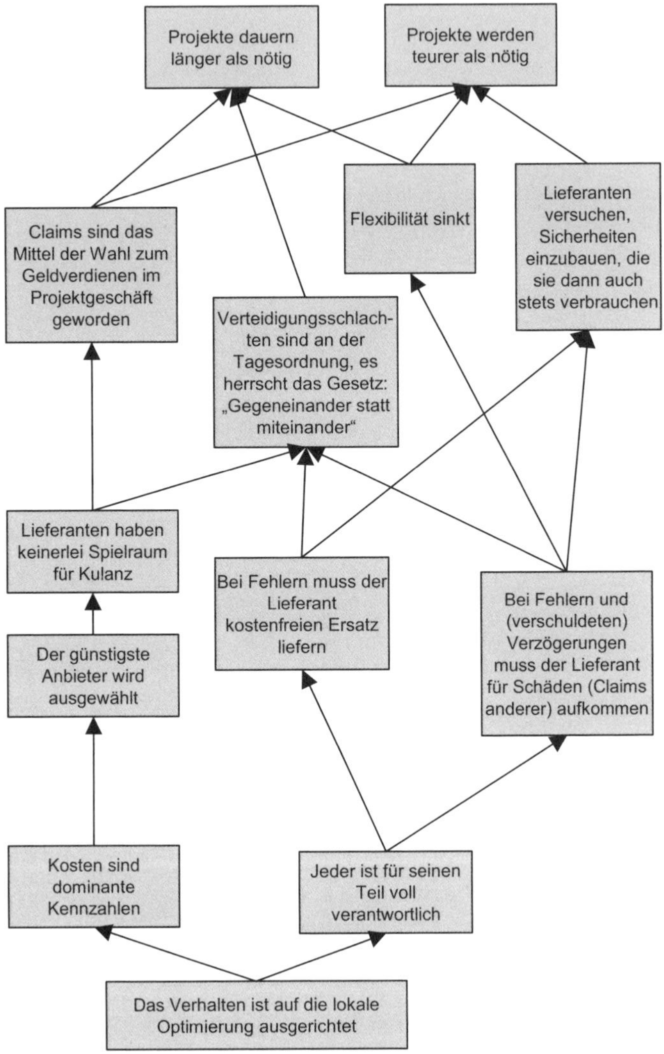

Abbildung 56: Gegenwartsbaum Supply Chain und lokale Optimierung

Alle diese Vorgehensweisen sind Auswirkungen der lokalen Optimierung, die wir bereits in Kapitel 3 erarbeitet haben („Die Optimierung von Teilen führt automatisch zur Optimierung des Ganzen.“).

7.2 Umgang mit den Sicherheiten in der Supply Chain

Wenn die Toggotec-Geschäftsleitung die zeitlichen Puffer streichen würde, bedeutete dies das Ende des Paradigmenwechsels. Wie im Einzelprojekt hergeleitet, wird der Projektpuffer für die unvorhergesehenen Verzögerungen benötigt; ohne ihn könnte der Critical-Chain-Ansatz nicht realisiert werden. Mitarbeiter würden sich wieder auf ihre alten Verhaltensweisen konzentrieren.

Wenn Kunden den Puffer streichen, dann wird deutlich, dass sie die Systematik nicht verstanden haben. Es empfiehlt sich also, die Projektpläne vorsichtig nach außen zu kommunizieren.

Als die zuständigen Mitarbeiter von Toggotec mit den Kunden sprechen, sind sie erstaunt, dass einige Großkunden den Critical-Chain-Ansatz bereits kennen und ihn auch praktizieren. Ein Kunde legt sogar den Zulieferpuffer für Toggotec offen, innerhalb dessen Toggotec seine Steuerungen für die großen Produktionsanlagen zuliefert. Dies bedeutet zumindest mit diesem Kunden den Anfang einer neuen und intensiveren Geschäftsbeziehung.

Zurück zum Kernproblem: Wie kann das Paradigma der lokalen Effizienzen aufgelöst werden? Jedes Unternehmen hat seine eigene Kultur und seine eigenen Erfolgsfaktoren. Die Einflussmöglichkeiten im Sinne von Lieferantenkontrollen im Projekt sind gering. Es muss einen anderen Weg geben. Die Lösung, so vermutet das Analyseteam, muss systematisch erfolgen. Es muss ein Mechanismus für Verhaltensregeln kreiert werden, der alle Projektbeteiligten dazu bringt und eventuell auch zwingt, an einem Strang zu ziehen.

7.3 Zusammenarbeit fördern

Das Analyseteam von Toggotec steht vor einem gewaltigen Problem. Die Probleme und Konflikte in Großprojekten können durch Toggotec nicht allein beseitigt werden. Nur wenn Toggotec der Gesamtauftraggeber für andere Teilprojekte ist, kann ein Paradigmenwechsel herbeigeführt werden. Dies ist jedoch nur bei den eigenen Entwicklungsprojekten der Fall. Was geschieht mit den Projekten, bei denen Toggotec nur ein Teilprojekt verantwortet?

Ein Toggotec-Mitarbeiter erinnert sich an ein Projekt, das Toggotec nur deshalb bekommen hatte, weil es gemeinsam mit zwei weiteren Lieferanten einen Gesamtplan erstellte, aus dem die Lösung gut hervorging; die Mitbewerber hatten dagegen nur separate (Teilprojekt-)Lösungen erarbeitet. Bei der Projektsteuerung kann das Projekt dann fast eins zu eins gemäß dem Projektplan durchgeführt werden. Da alle die gemeinsamen Risiken kennen, gibt es keine Konflikte und Claims zu bearbeiten. Ist das der Ausweg: gemeinsame Projektpläne und Lösungen mit anderen?

So sieht die Lösung aus!

Der neue Geschäftsführer hilft dem Analyseteam mit einem Beispiel aus seiner vorigen Firma. Diese liefert Steuerungseinheiten für die Gepäckbänder des Flughafenterminals P5. In diesem Großprojekt hat man die bisher gültigen Paradigmen in Frage gestellt. Neue Maßstäbe und Regeln für die Einbindung von Lieferanten in das Gesamtprojekt werden gesetzt.

Bei P5 wird auf die Beauftragung eines Generalunternehmens verzichtet. Der Flughafenbetreiber hat sich entschieden, die Risiken selbst zu tragen und das Projektmanagement eigenständig durchzuführen. Die Auswahl der besten Lieferanten wird im Rahmen von Assessments durchgeführt. Darin wird geprüft, welchen Stellenwert das Projekt für den einzelnen Lieferanten hat und welche Anstrengungen er unternehmen wird, das Gesamtprojekt zu fördern. Insbesondere wird die Bereitschaft des Lieferanten untersucht, nach den geänderten Projektmanagementregeln zu arbeiten.

Zu Beginn des Projektes werden die Teilprojekte, die große Überschneidungen haben, zusammengeführt. Diese Teams steuern sich unter der Managementverantwortung des Auftraggebers praktisch selbst.

Damit das Prinzip der lokalen Kostenoptimierung nicht im Vordergrund steht, führt der Flughafenbetreiber ein einfaches Abrechnungssystem ein. Die Lieferanten geben kein Angebotspreis ab, sondern werden entsprechend den tatsächlich anfallenden Kosten bezahlt und bekommen noch eine prozentualen Gewinnaufschlag. Dazu wird für dieses Projekt eine „Open-Book-Policy" vereinbart.

Ein Fehler ist erlaubt

Jeder Lieferant darf einmal einen Fehler machen, der vom Gesamtprojekt getragen wird. Der Lieferant bekommt allerdings in diesem Fall den Gewinnaufschlag nicht mehr zugeteilt, sonst gäbe es einen Anreiz, Fehler zu machen. Erst beim zweiten Fehler oder der zweiten Ersatzlieferung derselben Sache trägt der Lieferant die kompletten Kosten für die Fehlerbeseitigung.

Wie in Kapitel 6.4 hergeleitet, hat auch P5 einen Kostenpuffer in Form eines Risikofonds für das Gesamtprojekt eingerichtet. Aus diesem wird Unvorhergesehenes bezahlt, z. B. Kosten, die durch die oben erwähnten Fehler entstanden sind. Dieser Risikofonds dient auch für eventuell anfallende Strafzahlungen an die Fluggesellschaften, falls der versprochene Projektendtermin nicht gehalten werden kann.

Spart ein Lieferant während des Projektes Kosten ein, werden diese zwischen ihm und dem Risikofonds geteilt. Zusätzlich erhält jeder Lieferant einen Anteil des nicht verbrauchten Risikofonds zum Ende des Projektes.

Kultur des Zusammenhalts

In der Projektabwicklung treten viele günstige Effekte auf. Durch den am Ende des Projektplans positionierten Risikofonds hat jeder Teilprojektleiter ein Interesse daran, dass potentielle Risiken frühzeitig erkannt und vermieden werden. Es herrscht Konsens darüber, dass die Interessen des Gesamtprojektes bei jeder Entscheidung im Vordergrund stehen.

Der mit den neuen Regeln geschaffene Mechanismus führt dazu, dass sich einzelne Lieferanten für das Gesamtprojekt stark machen. Dieses Engagement hat automatisch für sie einen Nutzen. Die Lieferanten achten einerseits darauf, möglichst wenig Fehler zu machen. Andererseits ist es für sie entscheidend, ein Augenmerk auf die Kosten des Gesamtprojektes zu richten, damit ihr Gewinnanteil möglichst hoch ausfällt. Durch diese Regelungen gibt es in diesem Projekt keine Claims mit den daraus resultierenden Kosten und Verzögerungen. In vergleichbaren Projekten dieser Größenordnung betragen die Claim-Kosten mitunter mehrere Millionen Euro. Das eingesparte Geld bleibt bei P5 im Risikofonds.

Weitere Optimierungsansätze liegen bei den Zukaufteilen, die von mehreren Lieferanten benötigt werden. Ohne dass dies zu Beginn des Projektes geplant war, organisieren mehrere Teilprojektleiter eine Art Zentraleinkauf für das Projekt, der über die Einkaufsmenge erhebliche Preisnachlässe für alle Projektbeteiligten erzielt. Hierdurch hat jeder Partner einen Nutzen, denn auch diese Einsparungen fließen direkt in den Risikofonds.

Das Wichtigste ist jedoch, dass im Projekt eine Kultur des Zusammenhaltes entsteht. Jeder hat ein Interesse daran, die anderen Projektteilnehmer erfolgreich zu machen, denn es partizipiert jeder Einzelne an einer guten Gesamtleistung.

Dadurch, dass alle Lieferanten am pünktlichen Abschluss des Projekts interessiert und die lokalen Effizienzen beseitigt sind, kann das Projekt nach den Methoden des Critical-Chain-Ansatzes abgewickelt, gesteuert und zusätzlich beschleunigt werden.

Dieses Beispiel erleichtert dem Analyseteam die Arbeit. Es übernimmt die beschriebenen Punkte in das Gesamtkonzept. Bei Toggotec ist man sich sicher, dass die neuen Entwicklungsprojekte genau nach dem Schema des P5-Projektes abgewickelt werden. ROBI 2 wird der erste Kandidat für das neue Konzept.

8 „Unwiderstehliche" Projektangebote entwickeln

Bei der Auftaktveranstaltung zur Einführung von Critical-Chain-Projektmanagement im Führungskreis fragt der Betriebsrat: „Wenn Toggotec-Projekte durch Critical-Chain-Projektmanagement im Schnitt um 30 Prozent schneller und zuverlässiger abgewickelt werden, dann haben die Mitarbeiter freie Kapazitäten. Was geschieht mit diesen?"

Dies ist eine berechtigte Frage. Der Geschäftsführer wiederholt die gemeinsamen Ziele, die zu Beginn des Projektes vereinbart wurden: „In sieben Monaten werden wir unsere Entwicklungsprojekte insgesamt um 35 Prozent beschleunigen, bei nahezu hundertprozentiger Zuverlässigkeit und einer Umsatzrendite von zehn Prozent."

Freie Kapazitäten, so führt er weiter aus, habe es schon immer bei Toggotec gegeben: „Nur wurden sie nicht erkannt, sondern verschwendet!" Alle Mitarbeiter bei Toggotec wissen, dass nur der Engpass zu 100 Prozent ausgelastet werden kann; andere Bereiche benötigen dagegen Kapazitätsreserven für kurzfristige Änderungen und Störungen: Es besteht also kein Grund, personelle Maßnahmen zu ergreifen. Sicher können in einigen Bereichen auch Überstunden abgebaut werden, dies wird ein angenehmer Nebeneffekt sein.

Durch die Lösungsbausteine des Critical-Chain-Ansatzes wird Toggotec schneller und zuverlässiger arbeiten als die Wettbewerber. Dies bedeutet, dass sich Toggotec neue Chancen am Markt erschließen kann.

Für die Verbreitung der neuen Erfolgsfaktoren wird die Marketingabteilung sorgen. Im Rahmen eines Geschäftsmodells werden die Effekte „Schnelligkeit" und „Zuverlässigkeit" neu am Markt positioniert. Dies wird ein erhebliches Wachstum ermöglichen und die Arbeitsplätze von Toggotec sichern.

Dem Analyseteam von Toggotec wird eins deutlich: Wenn die Führungskräfte und Mitarbeiter erfassen, dass der Auftragseingang deutlich gesteigert werden kann – dann werden sie keinen Widerstand gegen Critical Chain aufbauen, sondern begeistert an den Veränderungen mitwirken.

Doch woher kommen so schnell zusätzliche Aufträge? Nur, weil durch den Critical-Chain-Ansatz Projekte schneller und zuverlässiger abgewickelt werden, sind nicht automatisch neue Aufträge zu erwarten. Um einen signifikanten Zuwachs im Auftragseingang zu erzielen, benötigt Toggotec, wie der Geschäftsführer sagt, ein „unwiderstehliches" Angebot für den Markt.

8.1 Marketing und Vertrieb

Welche Mechanismen führen zu den Schwierigkeiten?

Bei Toggotec werden Marketing und Vertrieb vermischt. Daraus erwachsen Schwierigkeiten und Missverständnisse. Um dies besser abzugrenzen, geben wir hier eine kurze Definition der beiden Begriffe:

Einfache Definition von „Marketing":

Marketing umfasst Maßnahmen, die die Nachfrage des Marktes nach Produkten und Leistungen des Unternehmens steigern; außerdem soll durch diese Maßnahmen der Wert der Produkte und Dienstleistungen am Markt steigen.

Pointiert bedeutet das: Marketing bringt die Kunden dazu, vor einem Geschäft Schlange zu stehen, weil interessante Ware geliefert wurde. Marketing lässt eine Bedürfnis der Kunden nach den Produkten und Dienstleistungen des Unternehmens entstehen.

Einfache Definition von „Vertrieb":

Aufgabe des Vertriebs ist es, Verträge mit Kunden abzuschließen.

Die Verkäufer im Geschäft tätigen nun lukrative Geschäftsabschlüsse mit den einströmenden Kunden, so dass Geld in die Kasse kommt.

Bei Toggotec beklagen sich Geschäftsführung und Mitarbeiter regelmäßig über den Vertrieb. In Wirklichkeit gab es aber viel zu wenig lukrative Anfragen. Marketing wurde so nebenher mitgemacht, und deshalb wissen viele potentielle Kunden gar nicht, welche besonderen Leistungen Toggotec erbringen kann. Besondere Anfragen erreichen deshalb Toggotec nur selten.

Marketingkonflikt

Die Marketingfachleute bei Toggotec wissen, dass der Wert eines Produktes oder einer Dienstleistung ausschließlich davon abhängt, welchen Nutzen der Kunde von Produkt und Dienstleistung erwartet. Der Markt, in dem Toggotec agiert, hat keine homogene Struktur. Dies bedeutet, dass den Kunden je nach Marktsegment unterschiedliche „Werte" der Maschinen wichtig sind. Es gibt Kunden, die schnelle Maschinen benötigen, andere wiederum legen auf Präzisionsmaschinen Wert. Die Preise und Lieferleistungen in den beiden Marktsegmenten sind aber sehr verschieden.

Wo liegt die Kernursache?

Einige Kunden sind bereit, für bestimmte Sondermaschinen in gewissen Situationen mit den entsprechenden Dienstleistungen das Dreifache dessen zu bezahlen, was andere Kunden zu zahlen bereit sind. Weshalb? Warum hat Toggotec sich nicht einfach auf die unterschiedlichen Prioritäten der Kunden eingestellt und seine Angebote entsprechend aufgebaut? In der Tat stellt das Analyseteam fest, dass sich Toggotec so verhält, als gäbe es nur einen homogenen Markt. Toggotec nimmt den Wert seiner Produkte und Dienstleistungen anders als der Markt wahr.

Je mehr Aufwand Toggotec mit dem Bau der Sondermaschine und der Dienstleistung hat, desto wertvoller wird die Toggotec-Maschine, so die Meinung der Mitarbeiter, die für die Kalkulation der Angebote verantwortlich sind. Je mehr Material, Arbeit, Design, Distribution, Marketing „umgelegt" werden muss, desto teurer ist die Maschine. Toggotec geht davon aus, dass der faire Marktpreis sich aus den Kosten plus einer angemessenen Marge errechnet.

Nun treffen zwei extreme Situationen aufeinander: Die Maschine wird aufgrund verschiedener Neuentwicklungen und Sonderlösungen viel zu teuer und kann fast nicht verkauft werden. Oder die Maschine wird viel zu billig angeboten, und Toggotec merkt dies überhaupt nicht.

Es gibt zwei verschiedene Einschätzungen zum Wert einer Dienstleistung oder eines Produktes. Zum einen: Toggotec beurteilt selbst den Wert, indem es schätzt, wie viel Energie in die Herstellung des Produkts investiert werden muss; je mehr Energie, desto teurer das Produkt. Zum anderen: Der Markt bewertet das Produkt im Hinblick darauf, wie gut das Produkt die Probleme des Marktes lösen kann und damit einen Nutzen generiert. Toggotec kommt hier in einen Konflikt, der so dargestellt werden kann:

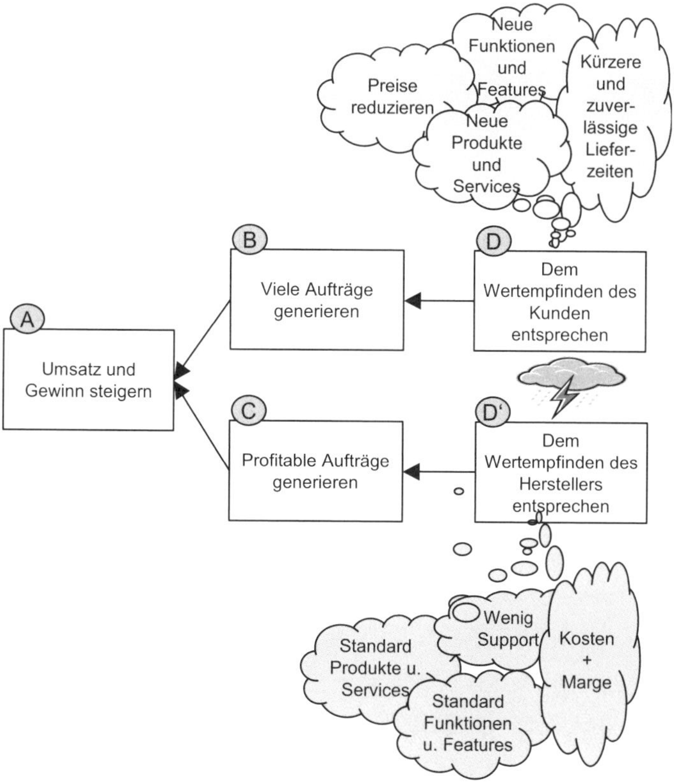

Abbildung 57: Das Marketing Dilemma

Der Markt fordert innovative neue Produkte und Serviceleistungen, kürzere und zuverlässigere Lieferzeiten, neue Funktionen – und dies alles zu günstigeren Preisen als noch beim letzten Auftrag. Toggotec dagegen will möglichst Standardmaschinen mit Standardfunktionen verkaufen. Natürlich zu den Standardlieferzeiten und mit einer höheren Marge. Denn der letzte Auftrag konnte gerade noch kostendeckend abgearbeitet werden.

Diese Gegensätze, die allein aufgrund unterschiedlicher Perspektiven und Blickrichtungen existieren, bringen Toggotec dazu, ständig zu überlegen, ob ein Auftrag anzunehmen oder abzulehnen sei. Die

Entscheidungen sind nicht mehr nachvollziehbar. Solange die Kalkulation von Toggotec dazu führt, dass das Produkt zu einem höheren Preis verkauft werden soll, als die Kunden bereit sind zu bezahlen, gilt das oben abgebildete Dilemma. Oder aus Kundensicht: Solange der Kunde meint, dass er die Maschine beim Wettbewerber günstiger bekommt, heißt dies, dass die Maschine ihren Preis nicht wert ist.

Wenn es gelingt, die Werteinschätzung der Kunden so weit zu steigern, dass sie oberhalb der Konditionen von Toggotec liegt, dann wäre das beschriebene Dilemma aufgelöst. Dann „stehen die Kunden vor der Türe" und wollen Projekte beauftragen zu Konditionen, die auch für Toggotec interessant sind.

Damit ist die zukünftige Hauptaufgabe des Toggotec-Marketings, den Marktwert der Produkte und Leistungen soweit zu steigern, dass dieser signifikant oberhalb des von Toggotec selbst geschätzten Werts liegt. „Dies", so ergänzt der Geschäftsführer gegenüber dem Analyseteam, „muss auf eine Art und Weise geschehen, die vom Wettbewerb nicht so einfach kopiert werden kann."

Erfolgsfaktoren durch Critical Chain

Durch die erfolgreiche Nutzung von Critical Chain entsteht also eine Reihe potenzieller Wettbewerbsvorteile:

- kürzere Projektlaufzeiten;
- nahezu 100 Prozent Termintreue;
- Einhaltung bzw. teilweise sogar Unterschreitung des Projektbudgets;
- eine größere Kapazität, späte Änderungen im Projekt zu berücksichtigen.

Inwieweit diese Erfolgsfaktoren tatsächlich in mehr Projektdurchsatz bzw. Projektaufträge umgewandelt werden können, hängt von der konkreten Marktsituation ab. Genau diese Marktsituation gilt es nun detailliert zu untersuchen, um das erforderliche „unwiderstehliche" Angebot zu erarbeiten. Der folgende Abschnitt zeigt auf, wie dies methodisch funktioniert. Hier handelt es sich allerdings nicht um ein Musterverfahren.

8.2 Probleme des Marktes lösen

Toggotec hatte schon etliche Marktstudien durchführen lassen. Mit Portfolioanalysen, Markteinschätzungen und anderen Instrumenten sollte eingeschätzt werden, was in welchen Marktsegmenten zukünftig verkäuflich sein würde. Der Nutzen dieser Studien war jedoch nicht sehr groß.

Die Kernfrage, die es bei der Erarbeitung eines unwiderstehlichen Angebotes zu beantworten gilt, heißt nicht: „Welchem Markt und welchen Kunden wollen wir unsere Produkte verkaufen?", sondern: „Welche Probleme hat der Markt und durch welche Produkte und Leistungen können diese Probleme gelöst werden?" Je größer die „Wertigkeit" des zu lösenden Problems, desto besser der erzielbare Preis.

Das Analyseteam von Toggotec erstellt unter Anleitung des Geschäftsführers zunächst eine Liste der Schwierigkeiten und Probleme aus Kundensicht. Der Schwerpunkt liegt dabei auf den unerwünschten Effekten, die im Zusammenhang mit den Sondermaschinen und den dazugehörigen Dienstleistungen stehen.

Im Anschluss werden die einzelnen Schwierigkeiten in Beziehung zueinander gesetzt, bis die Führungsmannschaft von Toggotec verstanden hat, durch welche Mechanismen im eigenen Unternehmen die Schwierigkeiten erzeugt werden. Die Zusammenhänge werden in einem Ursache-Wirkungs-Diagramm dargestellt:

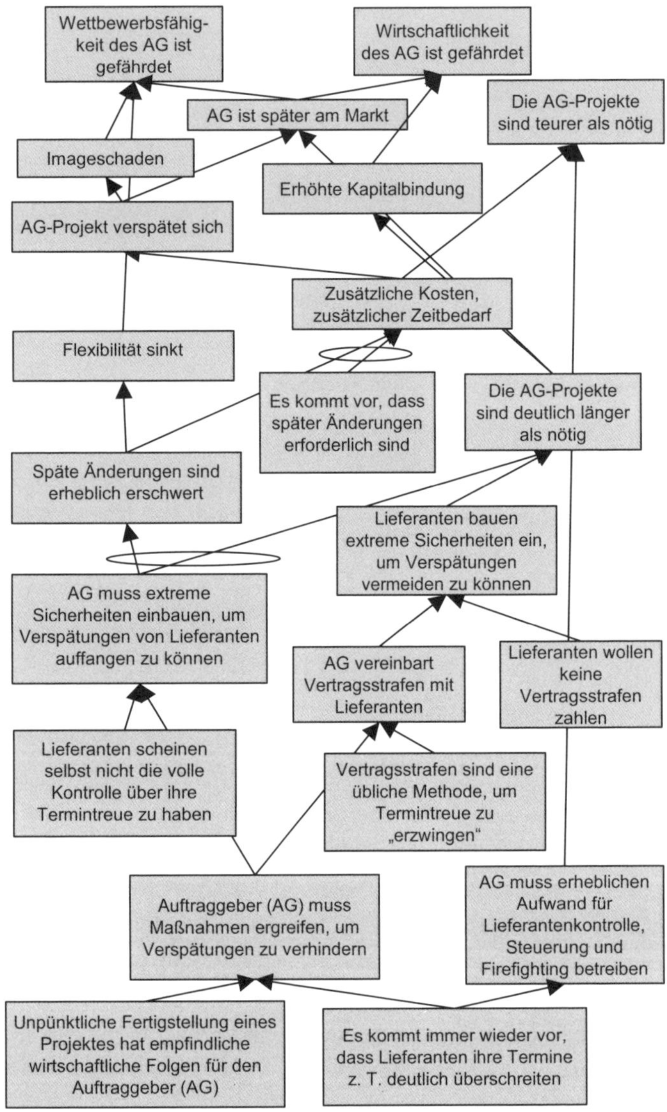

Abbildung 58: Gegenwartsbaum Marktanalyse

Bei der Analyse ist die Versuchung groß, die Ursachen für die Probleme bei den Kunden zu suchen. Dazu fallen den meisten Mitarbeitern auch etliche Punkte ein: „Die Kunden bringen nicht die richtigen Daten. Sie wissen nicht, was sie wollen, kommen dauernd mit Änderungen. Sie haben ihre Prozesse nicht im Griff. Sie halten ihre eigenen Terminvorgaben nicht ein. Sie versuchen Schwierigkeiten immer an uns weiter zu reichen."

Also ist der Kunde das Problem – und nicht Toggotec? Der Geschäftsführer besteht darauf, dass die Ursachen im eigenen Einflussbereich liegen müssen. Nur dort kann angesetzt werden; wer versucht, seine Kunden zu erziehen – der wird bald keine mehr haben.

Nachdem der Ursache-Wirkungs-Baum gemeinsam erarbeitet ist, erkennt das Toggotec-Management, wie es selbst die Probleme der Kunden verursacht und den Markt daran hindert, den Wert der Produkte und Leistungen des Unternehmens signifikant höher einzustufen. Es findet einige Ansatzpunkte, die zur Lösung der Kundenprobleme beitragen können. Dies ist der Schlüssel zur Erarbeitung eines unwiderstehlichen Angebotes.

Das unwiderstehliche Angebot

So sieht die Lösung aus!

Nun werden die Kernursachen für die Probleme aufgelöst. Das Analyseteam findet neue Ansätze, die dazu führen, dass die Kunden einen höheren Nutzen aus den Produkten und Dienstleistungen von Toggotec ziehen und diesen auch wahrnehmen. Das Analyseteam entwickelt einen Zukunftsbaum, um genau zu ermitteln, was geschieht, wenn die neuen Vorgehensweisen implementiert sind. Die motivierende Wirkung bei den Diskussionen führt dazu, dass das Erreichen des gemeinsamen Ziels, das zu Beginn der Einführung von Critical Chain definiert wurde, deutlich näher rückt. Die ewigen „Killerargumente", dass der Markt eben nicht mehr hergibt und alles nur nach dem Preis entschieden wird, verschwinden.

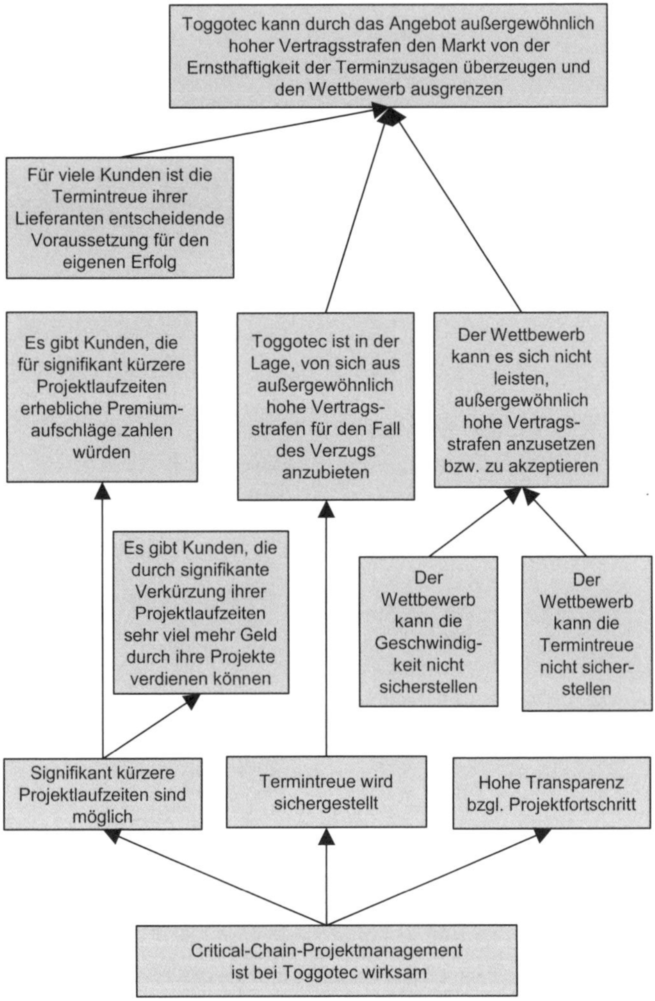

Abbildung 59: Zukunftsbaum – ein Beispiel für ein unwiderstehliches Angebot]

Ein unwiderstehliches Angebot wird der Kunde nicht ablehnen, weil es Probleme auf eine bisher nie da gewesene Art löst.

Im Beispiel von Toggotec gibt es Kunden, die für eine schnellere Abwicklung von Projekten bereit wären, höhere Preise zu zahlen. Toggotec bietet freiwillig hohe Vertragsstrafen an. Auf solche Vertragsstrafen können und wollen die Wettbewerber nicht einsteigen. Der eine oder andere Mitarbeiter von Toggotec berichtet, dass der Wettbewerb vermute, Toggotec werde sich mit seinen Angeboten eine „blutige Nase" holen; es sei unmöglich, so die Einschätzung der Konkurrenz, so schnell eine Sondermaschine zu entwickeln.

Dem Kunden signalisiert Toggotec mit der freiwilligen Strafzahlung, dass man es mit den gemachten Zusagen ernst meint.

Die Vorteile von Critical-Chain-Projektmanagement können erst dann vollständig greifen, wenn durch die beschleunigten Projekte ein unwiderstehliches Angebot kreiert ist. Dann werden neue Märkte erschlossen und teilweise höhere Preise erzielt. Denn mehr Projekte zu höheren Preisen mit der gleichen Mannschaft bringen mehr Profit und mehr Zufriedenheit bei der Arbeit.

9 Mitwirkung für Critical Chain erzeugen – ein Paradigmenwechsel

So sieht die Lösung zur Vorgehensweise aus!

Das Projekt Critical Chain wird bei Toggotec vom Geschäftsführer persönlich „top down" umgesetzt. Nachdem die Untersuchungen und Erkenntnisse des Analyseteams vom Führungskreis verstanden und akzeptiert sind, gilt es nun, die Implementierungsschritte in eine sinnvolle Reihenfolge zu bringen. Nur wenn dies gelingt, werden die meisten Mitarbeiter motiviert an der Veränderung mitwirken, die vor allem eine Verhaltensänderung bewirken soll.

Nachdem Critical Chain bei Toggotec implementiert ist, beschreibt das Analyseteam die verschiedenen Erfolgsfaktoren in einem Erfahrungsbericht. Die wesentliche Erkenntnis: Der Critical-Chain-Ansatz funktioniert nur, wenn sich die obersten Führungskräfte einig sind und das Projekt von der Geschäftsleitung initiiert wird.

Die Führungskräfte bei Toggotec brauchen Zeit, um sich mit Critical Chain zu beschäftigen. Über Fachliteratur, die als „Pflichtlektüre" vom Chef persönlich ausgehändigt wird, tasten sich die Führungskräfte an die Thematik heran.

Es hätte Toggotec nichts genützt, wenn die Führungskräfte überredet worden wären oder es eine Anordnung gegeben hätte, sich von heute auf morgen anders zu verhalten. Ziel jedes Vorgehens, so die Quintessenz des Analyseteams, muss es sein, dass die Führungskräfte sich selbst die Lösung erarbeiten.

Daher empfiehlt es sich für die Konzeption, ein Analyseteam (wie bei Toggotec geschehen) zu beauftragen. Dieses Team hat die Aufgabe, sich gemeinsam einen Überblick über die einzelnen Bausteine von Critical Chain (Multiprojektmanagement, Einzelprojektmanagement, Auswahl von Projekten und Marketing) zu verschaffen. Zusätzlich soll das Team überprüfen, wie die Bausteine in der jeweiligen Organisation anzuwenden sind. Der Zeitbedarf für die Geschäftsleitung beträgt für jeden Critical-Chain-Baustein ungefähr einen halben Tag. Der jeweilige Baustein wird dann aufgrund verschiedener Entscheidungsvorlagen mit dem Analyseteam analysiert, erörtert und der eigenen Organisation angepasst.

Critical Chain wird bei Toggotec in die gesamte Veränderungsstrategie eingebunden. Dafür werden vier Tage unter Anleitung eines Critical-Chain- und Strategieexperten eingeplant. Die Veränderungsstrategie hat dabei drei Fragen zu beantworten:

- Was soll sich überhaupt verändern?
- Wo soll die Reise hingehen?
- Wie ist das Ziel zu erreichen?

Herausgearbeitet wird eine Vision mit dem Ziel, beim Projektmanagement schneller und zuverlässiger – bei einer Umsatzrendite von zehn Prozent – zu werden. Damit dies für die Mitarbeiter greifbar wird, sind Erläuterungen notwendig:

- Wie werden wir schneller und zuverlässiger?
- Wie sieht das unwiderstehliche Angebot aus, damit wir auf eine Umsatzrendite von zehn Prozent kommen?
- Welche Veränderungen im Unternehmen sind erforderlich, um das unwiderstehliche Angebot produzieren zu können? Sind die Toggotec-Führungskräfte dazu in der Lage?
- Wie werden sich die Umsätze und Ergebnisse dann entwickeln?

All diese Fragen werden schlüssig und konkret beantwortet, und es entsteht eine positive Motivation bei den Führungskräften und Mitarbeitern für die Implementierung des Critical-Chain-Ansatzes.

9.1 Überwindung der Widerstände

Nun gilt es, das Critical-Chain-Konzept im Rahmen der Strategie umzusetzen. Der Geschäftsführer spricht in diesem Zusammenhang von sechs Schichten des Widerstandes, die bei Verhaltensänderungen auftreten und die zu überwinden sind.

1. Es besteht keine Einigkeit über das Problem des Projektmanagements.
2. Es gibt keine Einigkeit über die richtigen Lösungsansätze, damit Projektmanagement besser funktioniert.
3. Es besteht keine Einigkeit darüber, dass die Critical-Chain-Lösung sinnvoll für Toggotec ist.
4. Mitarbeiter und Führungskräfte befürchten eine Reihe negativer Nebeneffekte, die auftreten, wenn Critical Chain eingeführt wird.
5. Die Mitarbeiter und Führungskräfte sehen auf dem Weg zur Umsetzung viele Stolpersteine, für die es noch keine Lösung gibt.
6. Obwohl alle dem Konzept zugestimmt haben, erfolgt bei verschiedenen Mitarbeitern trotzdem keine Handlung

Die sechs Schichten werden, wie in Kapitel 4 dargestellt, als Stolpersteine in den Critical-Chain-Veränderungsprojektplan aufgenommen und in positiver Formulierung als Zwischenergebnisse eingetragen.

Sobald die Führungskräfte die Widerstände überwunden haben, wird ein Schulungskonzept für die Mitarbeiter erstellt, das ebenso die sechs Schichten des Widerstands berücksichtigt und den Mitarbeitern hilft, den Critical-Chain-Ansatz zu implementieren.

Tipp:

Methoden wie Critical Chain, die eine Verhaltensänderung bewirken, können wie ein Gummiband gesehen werden: Je größer die Veränderung innerhalb der Organisation, desto stärker wird das Gummiband gespannt und zieht die Betroffenen in den Ausgangszustand zurück. Um dies zu verhindern, müssen die sechs Schichten des Widerstandes überwunden werden.

Der Geschäftsführer schlägt sein Notizbuch auf, das den Titel hat: „Veränderungen umsetzen“. Darin stehen die Erläuterungen zur Überwindung der sechs Schichten des Widerstands. Das Analyseteam bemerkt bereits bei der einführenden Zusammenfassung, dass es einige der Widerstände bereits überwunden hat, wogegen andere noch vor ihm liegen. In folgendem Kapitel gehen wir auf die einzelnen Schichten des Widerstands und deren Überwindung ein.

9.2 Einigkeit über das Problem erzielen

Eine Veränderung kann nur dann erfolgreich umgesetzt werden, wenn Einigkeit darüber besteht, dass das Problem, das durch die Veränderung überwunden werden soll, ein schwerwiegendes Problem ist. Einigkeit in diesem Punkt zu erzielen – dies ist die erste zu überwindende Schicht des Widerstandes.

Da in der Organisation die Mitarbeiter unterschiedliche Symptome des ursächlichen Problems wahrnehmen, gilt es ein Verständnis für die Probleme der einzelnen Bereiche herzustellen. Jede Führungskraft schätzt anders ein, wo eigentlich das Hauptproblem des Unternehmens liegt.

Nun besteht die Aufgabe darin, die Symptome auf das eigentliche Kernproblem zurückzuführen. Damit sich jedoch jeder in seiner Wahrnehmung bestätigt findet, sind alle Verbindungen zwischen den Symptomen und dem ursächlichen Kernproblem logisch herzuleiten.

Dies erfordert eine sachliche und prägnante Moderation. Wird diese konsequent durchgeführt, können Schuldzuweisungen durch ein verständnisvolles Kopfnicken ersetzt werden. Mitarbeiter bekommen ein Verständnis für die Probleme der Kollegen und verstehen, dass sie sich genau so verhalten, weil das System es von ihnen so fordert. Besteht Konsens über das Kernproblem, werden nicht mehr die unterschiedlichen Symptome bekämpft, sondern alle arbeiten zusammen auf ein gemeinsames Ziel hin.

Tipp zur Vorgehensweise (vgl. auch Kapitel 3):

1. Sammeln Sie Probleme und Schwierigkeiten aus Sicht der Führungskräfte arbeiten Sie die unerwünschten Effekte heraus
2. Stellen Sie Ursache-Wirkungs-Verbindungen zwischen den unerwünschten Effekten her.
3. Hinterfragen Sie die Ursache-Wirkungs-Verbindungen zwischen

den unerwünschten Effekten so lange, bis Sie das Kernproblem finden.

Wichtig ist: Seien Sie im gesamten Prozess dafür offen, dass ein anderes Ergebnis entsteht, als Sie zuvor erwartet haben!

9.3 Konsens über die richtigen Lösungsansätze

Die zweite zu überwindende Hürde kann man mit einem Wetterumschwung bei einer Expedition vergleichen: Tief schwarze Wolken ziehen auf. Die Expeditionsteilnehmer sehen das Kernproblem „Schlechtes Wetter". Sie schlagen jedoch unterschiedliche Lösungen für das Problem vor: Einige wollen bis zu einem günstigen Biwakplatz weiterlaufen, andere wollen umkehren, wieder andere wollen an der Stelle, wo sie sich gerade befinden, ihre Zelte aufschlagen.

Die Exeditionsteilnehmer haben zwar ein gemeinsames Ziel vor Augen – das Unwetter möglichst sicher zu überstehen –, aber die Lösungsstrategien sind unterschiedlich.

Genau so verhält es sich in Unternehmen: Sind als Kernproblem beispielsweise die lokalen Messgrößen identifiziert – und akzeptieren auch alle Führungskräfte diese als Kernproblem –, so bedeutet das noch lange nicht, dass auch alle Führungskräfte die gleiche Lösung vor Augen haben.

Die Regel ist eher: Die einzelnen Führungskräfte schlagen unterschiedliche Lösungsrichtungen vor und agieren unabhängig voneinander. Da sie ihre großen Anstrengungen nicht abstimmen, landen sie allzu oft wieder am Ausgangspunkt. Die Veränderung wurde sozusagen ausgesessen.

Daher muss Konsens über die Richtung der Lösung erzielt werden, damit die Führungskräfte und Fachexperten den gemeinsam erarbeiteten Weg auch gemeinsam gehen können.

Achtung:

Wenn in der Führungsmannschaft schnell Konsens über das Kernproblem herrscht, erliegt das Team oft der Versuchung, die nächstbeste Lösung als die richtige anzusehen.

Eine so schnell gefundene Lösung wird allerdings nach Erfahrung des Geschäftsführers in der Regel nicht die Erfolge bringen. Es gibt meistens einen triftigen Grund, warum die nahe liegende Lösung nicht schon längst implementiert wurde. Diesen Grund muss das Führungsteam herausfinden und auflösen. Erst danach besteht echte Einigkeit über die Richtung des einzuschlagenden Lösungsweges.

9.4 Konsens über die Qualität der Lösung

Nachdem Konsens über die Richtung der Lösung besteht, muss diese Richtung präzisiert werden. Jede Führungskraft muss sich sicher sein können, dass die erarbeitete Lösungsstrategie – z. B. Critical Chain – tatsächlich zu einer Überwindung der einzelnen vorher benannten Schwierigkeiten führt.

Um diese Klarheit zu erzielen, werden die erwarteten Ergebnisse von den Führungskräften gesammelt und transparent aufgelistet. Ein Ausgangspunkt kann sein, die mit dem Gegenwartsbaum hergeleiteten unerwünschten Effekte in erwünschte positive Effekte umzuformulieren. (Wir empfehlen, den bereits erstellten Gegenwartsbaum auf einem großen Plakat darzustellen und aufzuhängen.)

Beispielsweise wird dann aus dem unerwünschten Effekt „Wir praktizieren schädliches Multitasking“ der erwünschte Effekt „Wir arbeiten eine Aufgabe nach der anderen ab“. Dieser und alle weiteren erwünschten Effekte werden dann auf ein neues Plakat geschrieben, das ebenfalls aufgehängt wird. Danach können Sie alle Ursache-Wirkungs-Verbindungen zwischen den erwünschten Effekten und der zu installierenden Lösung herstellen. Diese Darstellung bildet die Vision der Führungskräfte in einem sogenannten Zukunftsbaum ab. Lassen sich die Verbindungen in dem neu erstellten Zukunftsbaum nicht logisch klar herstellen, dann mangelt es noch an der Qualität der Lösung. Dann sollten Sie weitere Lösungsbausteine hinzufügen.

Tipp zur Vorgehensweise:

- Wandeln Sie die unerwünschten Effekte in erwünschte Effekte um. Formulieren Sie positive Sätze.

- Lassen Sie die Führungskräfte weitere Ergebnisse nennen, welche die zukünftige Lösung bringen soll.
- Schreiben Sie diese Ergebnisse oben auf dem Blatt auf. Unten schreiben Sie die gefundenen Lösungsbausteine auf, die wie Katalysatoren wirken.
- Stellen Sie nun logische „Wenn-dann-Beziehungen" zwischen den Ergebnissen und den Lösungsbausteinen her.

Bestätigt jeder Einzelne im Führungsteam, dass der erarbeitete Zukunftsbaum das Unternehmen zu den gewünschten Ergebnissen führt, dann hat Toggotec die Hürde Nummer drei genommen und Konsens über die Qualität der Lösung erreicht.

9.5 Passt die Critical-Chain-Lösung zu uns?

Jede noch so gute Lösung für ein Problem bringt negative Nebeneffekte mit sich. Manager und Mitarbeiter erkennen diese Nebeneffekte an Einwänden, an „Ja, aber …"-Äußerungen der Mitarbeiter. Die Lösung wird im Kern akzeptiert, doch werden Bedenken geäußert und Detailprobleme genannt. Oft werden jedoch die sogenannten „Ja, aber ...-Mitarbeiter" im Unternehmen nicht gern gesehen. Sie werden als Bedenkenträger bezeichnet und müssen sich lange Vorträge von Kollegen über positives Denken anhören. Nichts gegen positives Denken, dies hat in vielen Lebenslagen seine Berechtigung; Wunschdenken und Schönreden helfen bei der Gestaltung einer guten Lösung jedoch nicht weiter.

Daher muss der Moderator bei der Lösungsfindung aktiv nach Einwänden fragen. Denn erst die konstruktiven Einwände machen die Lösung perfekt.

Erfolgsfaktor Bedenkenträger

Gehen Sie behutsam mit Bedenkenträgern um: Fordern Sie Ihre Führungskräfte auf, alle Bedenken zu äußern und zu benennen. Sie brauchen diese Informationen, um die zuvor gefundene Lösung zu verbessern und praxistauglich zu machen. Stellen Sie dar, warum die Lösung, die aus den Bausteinen von CCPM und weiteren unternehmensspezifischen Bausteinen besteht, zu den einzelnen negativen Nebeneffekten führt. Versetzen Sie sich dazu in die Person des Bedenkenträgers und versuchen Sie auf keinen Fall, ihm seine Befürchtungen auszureden.

In der Regel wird bei guter Moderation derjenige, der die Bedenken geäußert hat, selbst die Lösung nennen, damit der negative Nebeneffekt aufgelöst wird.

Erfolgreiche Moderation: So überzeugen Sie Bedenkenträger:

Wenn ein „Ja, aber ..."-Satz im Workshop kommt, schreiben Sie diesen direkt auf. Nicken Sie dem Teilnehmer fragend zu und schweigen Sie. Wenn Sie das Schweigen lange genug aushalten und nicht gleich selbst eine Lösung vorschlagen, ist die Wahrscheinlichkeit sehr hoch, dass der Mitarbeiter, der die Bedenken geäußert hat, auch einen Ausweg liefert. Sie haben nun einen neuen Mitgestalter für das Veränderungsvorhaben gewonnen.

Sind alle Bedenken in die Lösung eingeflossen, gilt es den Zukunftsbaum entsprechend anzupassen. Es gibt nun keine negativen Nebeneffekte mehr, sondern wahrscheinlich zusätzliche positive Wirkungen. Der entscheidende Erfolgsfaktor bei der Überwindung der Hürde vier wird darin gesehen, dass nun aus vielen Bedenkenträgern Mitgestalter geworden sind.

9.6 Stolpersteine überwinden

Wie bereits bei der ergebnisorientierten Projektplanung erläutert, liegen auf dem Weg für ein zukünftiges Projekt zu überwindende Schwierigkeiten, sogenannte Stolpersteine.

Wenn nun keine Bedenken mehr bestehen, dass die richtige Lösung für das Unternehmen gefunden wurde, bestehen nun Bedenken, dass die auf dem Weg zur Umsetzung liegenden Stolpersteine fast nicht überwunden werden können. Auch diese Bedenken werden ernst genommen. Die Erfahrung der Führungskräfte und Mitarbeiter hilft, die Implementierung auf stabile Säulen zu stellen.

Zunächst muten die Stolpersteine groß und unüberwindbar an. Es besteht in dieser Phase die Gefahr, dass die Führungskräfte sich aufgrund der Stolpersteine gegen die Umsetzung der Lösung Critical Chain aussprechen. Denn sie wissen aus vergangenen Veränderungen, dass sich eine verpatzte Einführung wesentlich negativer auswirkt, als wenn gar nichts verändert würde.

Das geforderte Implementierungskonzept wird mit Hilfe von Critical Chain im Rahmen eines Organisationsentwicklungsprojekts umgesetzt. Dieses wird nun genau so geplant wie in Kapitel 4 für die ergebnisorientierte Projektplanung beschrieben.

Nachdem die Schritte durchgeführt wurden, entsteht ein Implementierungsplan, der alle zur Überwindung der Stolpersteine nötigen Lösungselemente enthält. Nachdem die notwendigen Projektpuffer definiert wurden und die Projektorganisation steht, wird der Critical-Chain-Ansatz in das Projektportfolio integriert.

Tipp zur Vorgehensweise:

1. Listen Sie die befürchteten Stolpersteine auf und analysieren Sie sie.
2. Identifizieren Sie den Engpass bei den Stolpersteinen und wandeln Sie ihn in Zwischenziele um.
3. Tragen Sie die Zwischenziele in den Critical-Chain-Projektplan ein.
4. Benennen Sie erforderliche Maßnahmen, um Stolpersteine erfolgreich zu überwinden, zu umgehen oder zu vermeiden; das detaillierte Vorgehen dazu ist in Kapitel 4 beschrieben.

9.7 Was passiert, wenn nichts passiert?

Alle Führungskräfte haben zugestimmt, jeder konnte sich einbringen. Es wurden keine Fehler in der Vorgehensweise gemacht. Trotzdem gibt es einige Führungskräfte, die sich zwar für die Lösung ausgesprochen haben, sich aber nicht aktiv daran beteiligen. Sie sind praktisch wie gelähmt oder handlungsunfähig. Das Problem liegt dann nicht in einem aktiven, sondern im passiven Widerstand.

Dieser Zustand hat, wenn nichts unternommen wird, fatale Folgen. Führungskräfte haben Vorbildfunktion und – wie bereits bei der Erläuterung des Critical-Chain-Ansatzes beschrieben – ein Erfolg nur durch gemeinsame Anstrengung erreicht werden. Was ist passiert?

Alle Bedenken und Stolpersteine wurden in den Veränderungsprojektplan mit aufgenommen. Es konnte sich jeder mit einbringen. Die bestechende Logik der Lösung trug dazu bei, dass jeder im Unternehmen der Lösung zugestimmt hat. Jeder noch vorzubringende Einwand scheint nun angesichts der breiten Zustimmung zwecklos.

Anders ausgedrückt: Es gibt etwas, das noch nicht öffentlich gesagt wurde, das vielleicht auch nicht öffentlich gesagt werden konnte. Daraus folgt die Erkenntnis, dass „öffentliche" Workshops und Meetings nur bis zu einem gewissen Grad geeignet sind, einen Paradigmenwechsel herbeizuführen.

Bei Toggotec ist einigen Führungskräften durchaus bewusst, dass sie Mitarbeiter verlieren und Macht abgeben müssen, wenn Critical Chain eingeführt wird. Projektleiter, die bislang als geniale „Troubleshooter" begehrt sind, werden auf einmal keine lohnenden Aufgabengebiete mehr haben. Ihre Rolle könnte nicht mehr gebraucht werden. Andere Qualitäten werden gefragt sein.

Auch andere Gründe, wie beispielsweise das Eintreten für eine nun hinfällige Messgröße, können dazu führen, dass eine Führungskraft einen gewissen Gesichtsverlust fürchtet. Der Produktionsleiter von Toggotec beispielsweise hatte vor einem halben Jahr mit Hilfe einer externen Beratungsfirma ein neues Kennzahlensystem eingeführt, das auf lokale Effizienzen aufgebaut war. Zusätzlich wurde noch eine Software angeschafft, die nach heutigem Erkenntnisstand überflüssig ist. Für ihn ist es natürlich besonders schwer, die damaligen Fehlentscheidungen zuzugeben und Maßnahmen zu unterstützen, die in eine andere Richtung weisen.

So sieht die Lösung aus!

Um den passiven Widerstand zu überwinden, werden mit allen von der Veränderung betroffenen Führungskräften Einzelgespräche geführt. In diesen wird ganz genau die persönliche Veränderung analysiert, um evtl. neue Aufgaben zugunsten überflüssiger Aufgaben festzulegen und die entsprechenden Unterstützungsleistungen zu definieren, beispielsweise ein externes Coaching für den Produktionsleiter.

10 Erfolgsfaktoren von Toggotec

Toggotec spielt nach der Einführung von Critical Chain wieder in der „Bundesliga“ seiner Branche. Die Banken sind mit der Geschäftsentwicklung zufrieden. Das Tal der Tränen und der Veränderung wurde durchschritten. Sogar der Entwicklungsleiter, der in der Krise zum Wettbewerb wechselte, kehrte wieder zurück. Einer der größten Kunden von Toggotec lud das Analyseteam zu einer Hauptabteilungsleitersitzung ein, in der Toggotec den Critical-Chain-Ansatz und die Erfolgsfaktoren vorstellte.

Wir fassen die Erfahrungen und die Erfolgsfaktoren des Paradigmenwechsels bei Toggotec noch einmal zusammen:

Toggotec war getrieben von dem Verlangen, überall Kosten zu sparen. Dies führte dazu, dass das Management mit lokalen Messgrößen operierte. Diese Strategie brachte das Unternehmen dazu, seine Mitarbeiter und Ressourcen zu kontrollieren und optimal auszulasten. Projektkalkulationen und -entscheidungen wurden aufgrund dieser Messgrößen getroffen und führten teilweise zu falschen Entscheidungen. Es gab erhebliche Sicherheitspuffer in den Projektschritten, die dann anschließend wieder verschwendet wurden. Aufträge, so glaubte man, konnten nur über den Preis geholt werden. Risiken wurden dann möglichst an den Lieferanten weitergegeben, was zu erheblichen Konflikten und Widerständen führte.

Die lokalen Optimierungen führten dazu, dass Projekte bereits im Plan länger als erforderlich dauerten und nicht rechtzeitig fertig gestellt werden konnten. Zudem waren die Projekte regelmäßig teurer als geplant, und bei der Qualität mussten viele Kompromisse gemacht werden. Mit der Implementierung von Critical Chain wurde das „Paradigma der lokalen Effizienzen“ abgelöst durch ein neues Paradigma: Nur die Optimierung des Engpasses führt zur Optimierung des gesamten Unternehmens.

10.1 Regeln für das Management

Die veränderten Regeln und Mechanismen des Managements ergaben sich dadurch wie folgt:

- Die Ressourcensteuerung erfolgt heute über die Engpassressource, die regelmäßig überprüft und identifiziert wird.
- Alle anderen Ressourcen haben sich der Engpassressource unterzuordnen
- Alle lokalen Messgrößen wurden abgeschafft, an ihrer Stelle wurden durchsatzorientierte Steuergrößen eingeführt.
- Die Kostenrechnung im klassischen Sinne dient nicht mehr als Kriterium für Entscheidungen. Stattdessen wurde die Durchsatzkostenrechnung eingeführt.
- Anstelle der lokalen Sicherheiten in den Projektschritten wurden globale Sicherheiten eingeplant.
- Aufträge bekommt Toggotec heute aufgrund seiner Leistungsfähigkeit – den Führungskräften ist klar, dass schlechte Leistung immer teurer sein wird.
- Risiken werden nicht mehr an Lieferanten weitergegeben, sondern selbst gemanagt. So können Risiken früh erkannt und entsprechende Präventivmaßnahmen eingeleitet werden.

Durch diese Haupteffekte sind die Entwicklungsprojekte von Toggotec heute im Schnitt um 30 Prozent schneller. Leistungen werden vollständig erbracht und die zugesagten Termine eingehalten. Es können nun mehr Projekte mit dem gleichen Personalstand wie früher realisiert werden. Die wirtschaftliche Situation hat sich erheblich verbessert.

Hier die Erfolgsfaktoren der Vorgehensweise bei Toggotec:

- Die Veränderung funktioniert nur top down. (Toggotec profitierte davon, dass der neue Geschäftsführer den Critical-Chain-Ansatz zuvor schon einmal in einem Unternehmen eingeführt hatte und nun auf diese Erfahrungen zurückgreifen konnte.)

- Es müssen alle sechs Schichten des Widerstandes nacheinander mit den in diesem Buch beschriebenen Critical-Chain-Methoden durchschritten werden. Vermeintliche Abkürzungen bei der Arbeit mit den Widerständen verzögert nur den Ablauf des Veränderungsprojekts.
- Der Critical-Chain-Ansatz verlangt neue Verhaltensweisen von allen Führungskräften, daher müssen alle Führungskräfte bei der Erarbeitung des Ansatzes involviert sein.
- Es hat keinen Sinn, halbherzig an die Sache heranzugehen. Pilotprojekte helfen, mehr Vertrauen in die Sache zu bekommen, führen aber nicht zum gewünschten ganzheitlichen Erfolg. Die größte Beschleunigung wird mit der Staffelung der Projekte in der Multiprojektmanagementumgebung erzielt.
- Lokale Effizienzen fallen weg. Nur der Engpass kann zu 100 Prozent ausgelastet sein. Mitarbeiter, die nicht am Engpass arbeiten, werden nicht mehr an ihrer Auslastung gemessen. Wenn Kapazitäten frei werden sollten, wird dies keine Auswirkungen auf die Gewinn- und Verlustrechnung haben. Dies führt eher zu positiven Effekten für die Mitarbeiter.
- Die Anreizsysteme müssen verändert werden. Es wird niemand mehr für seine Anwesenheit bezahlt, sondern nur noch für seinen Beitrag, den er für den Durchsatz leistet. Wenn allerdings jemand auf der kritischen Kette arbeiten soll und dabei ertappt wird, dass er nicht zu 100 Prozent an dieser Aufgabe arbeitet, dann verstößt er gegen die Regeln. Um diese Verstöße kümmert sich die Geschäftsleitung persönlich.
- Mit entsprechender fachlicher Unterstützung funktioniert es. Moderatoren, die die Vorgehensweise kennen und in Critical Chain ihre Fachexpertise haben, können die Veränderung erheblich beschleunigen. Sie werden vor allem für die Kommunikation mit der Geschäftsführung benötigt.

Anhand dieser Erfolgsfaktoren wird ersichtlich, dass die Chancen für eine erfolgreiche Realisierung von Critical Chain verschwindend gering sein werden, wenn die Einführung nicht durch die Geschäftsleitung erfolgt. Der Widerstand aus dem Management wird zu groß sein.

Für Leser, die nicht selbst der Chef ihres Unternehmens sind, empfehlen wir folgende Vorgehensweise:

Vorgehensweise für Führungskräfte und Mitarbeiter:

Finden Sie einen Weg, wie Ihr Chef selbst auf die Idee kommt, den Critical-Chain-Ansatz einzuführen. Geben Sie ihm das Gefühl, dass es seine Idee war:

Ein Freund Ihres Chefs könnte ihm dieses Buch empfehlen oder schenken.

Ihr Chef findet entsprechende Fachliteratur zu Critical Chain einfach auf seinem Schreibtisch.

Ihr Chef wird zu einem Vortrag über CCPM eingeladen.

Sie besuchen gemeinsam den Geschäftsführer von Toggotec und halten sich bei dem Gespräch dann aber im Hintergrund. Von Geschäftsführer zu Geschäftsführer nimmt man eher Empfehlungen an als von Mitarbeitern.

Glossar: Fachbegriffe und Methoden

Dieses Glossar beschreibt neben den im Text vorkommenden Fachbegriffen auch einige Anwendungen der Theory of Constraints, die teilweise in den Abbildungen und Schaubildern verwendet wurden.

Additiv-Regel

Im Paradigma der Kosten-Welt gilt, dass die aufsummierten Kosteneinsparungen aller einzelnen Unternehmensbereiche bzw. Abteilungen die Gesamtkosteneinsparung des Unternehmens ergeben, die Kosten also der Additiv-Regel folgen. In der Kosten-Welt ist die globale Verbesserung der Organisation die Summe der lokalen Verbesserungen in den Teilen der Organisation. Im → ToC-Paradigma der Durchsatz-Welt gilt dagegen, dass der aufsummierte Durchsatz der einzelnen Unternehmensbereiche bzw. Abteilungen nicht zusammen den Gesamtdurchsatz des Unternehmens ergibt; der Durchsatz folgt also nicht der Additiv-Regel. In der Durchsatz-Welt ist die globale Verbesserung der Organisation nicht die Summe der lokalen Verbesserungen in den Organisations-Teilen.

Aktivierung

Beschäftigung einer Nicht-Engpassressource, nur damit sie beschäftigt ist, unabhängig davon, ob sie den Durchsatz des Gesamtsystems damit unterstützt; oder: eine Kennzahl, die ausdrückt, wie intensiv eine Ressource bei der Herstellung eines Produktes oder Services genutzt wird. Es wird die arbeitende Zeit mit der verfügbaren Zeit verglichen.

Bedenkenträger

Person, die einen Widerstand gegen ein vorgeschlagene Lösung formuliert → Schichten des Widerstands gegen Veränderung

Begrenzender Faktor

Element oder Faktor, das bzw. der ein System davon abhält, einen höheren Leistungsgrad zu erreichen (im Verhältnis zu seinem Ziel); ein Engpass kann physikalisch, logistisch, innerbetrieblich, verfahrenstechnisch oder verhaltensabhängig bzw. psychologisch sein. Hätte die Organisation mehr von ihm oder könnte sie ihn besser ausnutzen, würde sie mehr von ihrem Ziel erreichen

Betriebskosten (BK)

Geld, das die Organisation ausgibt, um „Zieleinheiten" zu erzeugen oder – anders ausgedrückt – um → Bestände und Investitionen (BI) in Durchsatz zu verwandeln. Die → „Theory of Constraints" (ToC) betrachtet die Kosten, die relativ konstant sind (Löhne, Gehälter, Miete, Versicherungen, ...) als Betriebskosten, während die Kosten, die mit der Menge der produzierten Teile oder Leistungen zusammenhängen, als total variable Kosten (TVK) oder „tatsächlich variable Kosten" bezeichnet und betrachtet werden.

Bestände und Investitionen (BI)

Eine der globalen Messgrößen der → „Theory of Constraints" (ToC): das im Unternehmen gebundene Geld in Form von Rohmaterial, Work-in-Progress, Fertigprodukten, Investitionen wie Gebäude, Anlagen etc. Alle BI werden in der Durchsatzrechnung zu Einkaufs- bzw. Rohmaterialkosten bewertet.

Claim

Forderung, die in einem Projekt von einem Projektbeteiligten erhoben wird aufgrund einer unvorhergesehenen Veränderung; insbesondere bei Veränderungen von Rahmenbedingungen und wenn andere Projektbeteiligte Fehler machen oder Termine nicht einhalten.

Claim Management

Die Praxis, in Projekten zusätzliches Geld oder zusätzliche Zeit vom Auftraggeber zu bekommen – infolge von Fehlern oder Terminverzögerungen oder Änderungen seitens des Auftraggebers oder anderer Lieferanten.

Constraint

→ Begrenzender Faktor, → Engpass

Critical Chain

→ kritische Kette

Critical-Chain-Projektmanagement (CCPM)

Managementkonzept der Theory of Constraints für Projektumgebungen. Im engeren Sinne umfasst CCPM:

- eine Lösung für die Steuerung von Einzelprojekten in hoher Geschwindigkeit;
- eine Lösung für die Steuerung einer Multiprojektorganisation unter bestmöglicher Nutzung der Ressourcen.

Im weiteren Sinne umfasst CCPM zusätzlich:

- eine Lösung für die strategische sinnvolle Auswahl von Projekten;
- einen Ansatz zur zielorientierten Planung der Projekte;
- eine Lösung für die unternehmensübergreifende Zusammenarbeit in Projekten;
- die zielgerichtete Nutzung von Wettbewerbsvorteilen, die aus der erhöhten Zuverlässigkeit und der Verkürzung von Projektlaufzeiten resultieren.

Critical Supply Chain

Win-win-Lösung für die unternehmensübergreifende Zusammenarbeit in Projekten. Sie basiert darauf, dass alle Mechanismen, die zu einer Verlängerung von Projektlaufzeiten und/oder Erhöhung von Projektkosten aufgrund von Interessenskonflikten führen, eliminiert und durch andere Mechanismen ersetzt werden. Dies ermöglicht allen Projektbeteiligten, stets so zu entscheiden und zu handeln, dass die Zielerreichung des Projekt gefördert wird – ohne im Konflikt mit davon evtl. abweichenden anderen Interessen zu sein.

Denkprozesse

Auch Effektive Denkprozesse (EDP) genannt: ein Set von Methoden, die dazu geeignet sind, ein System systematisch zu analysieren und zu verbessern und dabei die drei Fragen des Veränderungsprozesses zu beantworten. Die → ToC-Denkprozesse sind:

Veränderungs-prozess	Denkprozess	Logik
Was soll geändert werden?	Gegenwartsbaum	Sufficient-Cause-Logik
	Dilemma-Wolke	Necessary-Cause-Logik
Wohin soll die Veränderung führen?	Zukunftsbaum	Sufficient-Cause-Logik
	Vorbehalt der negativen Nebenwirkung	Sufficient-Cause-Logik
Wie soll die Veränderung verursacht werden?	Voraussetzungsbaum	Necessary-Cause-Logik
	Umsetzungsbaum	Sufficient-Cause-Logik

Dilemma-Wolke (DW)

Das wahrscheinlich wichtigste Tool der ToC-Denkprozesse basiert auf der Necessary-Cause-Logik. Es beschreibt Dilemmata bzw. Konflikte und hilft bei deren Win-win-Lösung. Die wichtigsten Einsatzbereiche sind:

- strukturierte Darstellung und Lösung von Dilemmata bzw. Konflikten
- Identfizierung des Kernkonflikts des Systems im Rahmen der Drei-Wolken-Methode

Die Entitäten der Dilemma-Wolke sind:

- (A) ein Ziel

- (B) eine Bedingung für die Zielerreichung und (D) eine Voraussetzung für die Realisierung der Bedingung
- (C) eine zweite Bedingung für die Zielerreichung und (D') eine Voraussetzung für die Realisierung dieser zweiten Bedingung

Der Konflikt besteht zwischen den beiden Voraussetzungen (D) und (D'), die sich widersprechen, das Gegenteil voneinander darstellen oder sich gegenseitig ausschließen.

Die beiden Bedingungen (B) und (C) stehen dagegen nicht im Widerspruch zueinander, sie sind vielmehr beide akzeptierte Bedingungen für die Erreichung des Zieles (A).

Fünf Pfeile repräsentieren die Verknüpfungen zwischen den Entitäten.

Die Annahmen, die den Verknüpfungen zugrunde liegen, sind ebenfalls identifiziert und dokumentiert. Diese Explizierung der Annahmen liefert den Schüssel zur Lösung mit zwei verschiedenen Ansätzen. Das Dilemma löst sich auf, wenn eine wichtige Annahme als nicht zutreffend identifiziert wird oder durch eine Veränderung im System ungültig gemacht werden kann.

Die Leseweise der Dilemma-Wolke ist wie folgt:

- „Um (A) zu erreichen, müssen wir (B), weil (AB)." (AB) sind dabei die Annahmen, die begründen, warum (B) eine Bedingung für (A) ist.
- „Um (B) zu erreichen, müssen wir (D), weil (BD)." (BD) sind dabei die Annahmen, die begründen, warum (D) eine Voraussetzung für (B) ist.
- „Um (A) zu erreichen, müssen wir (C), weil (AC)." (AC) sind dabei die Annahmen, die begründen, warum (C) eine Bedingung für (A) ist.
- „Um (C) zu erreichen, müssen wir (D'), weil (CD')." (CD') sind dabei die Annahmen, die begründen, warum (D') eine Voraussetzung für (C) ist.

- „(D) und (D') schließen sich gegenseitig aus, weil (DD')." (DD') sind dabei die Annahmen, die begründen, warum (D) und (D') unvereinbar miteinander sind.

Drum

Detaillierter Arbeitsplan der Ressource, die den Takt für das gesamte System vorgibt. Der Arbeitsplan der Drum-Ressource muss die Kundenanforderungen mit dem Engpass des Systems abstimmen bzw. abgleichen.

Drum Buffer Rope (DBR)

Lösung der Theory of Constraints für die Steuerung der Produktion, Leistungserbringung und des Multiprojektmanagements. DBR nutzt:

1. die Drum, um einen Plan zu erstellen, der auf der bestmöglichen Ausnutzung der begrenzten Kapazität des Engpasses oder der am stärksten belasteten Ressource basiert;
2. den Puffer, um die Drum und die Auslieferung vor Störungen zu schützen;
3. den „Rope" genannten Mechanismus, der die Freigabe neuer Aufträge, Projekte oder von Produktionsmaterial abhängig vom Takt und Fortschritt der Drum-Ressource steuert.

Drum-Puffer

Puffer im Arbeitsplan der Drum-Ressource, wenn diese nicht der Unternehmensengpass ist, sondern sich diesem unterordnen muss.

Durchsatz

Geschwindigkeit, in der das System „Zieleinheiten" erzeugt, also in gewinnorientierten Unternehmen in Euro pro Zeiteinheit gemessen, beispielsweise Euro pro Jahr. Der Durchsatz ist die Differenz zwischen dem Umsatz und den für diesen Umsatz eingesetzten TVK (Total variable Kosten) pro Zeiteinheit.

Durchsatz-Welt

Die Sichtweise, dass ein System aus einer Reihe voneinander abhängiger Teile besteht, die zusammen wirken müssen, um das Ziel des Systems zu erreichen. Die Fähigkeit des Systems, sein Ziel zu erreichen wird durch einen einzigen Faktor eingeschränkt: den → begrenzenden Faktor. In der Durchsatz-Welt werden alle Handlungen und Entscheidungen aufgrund ihrer Wirkung auf das Gesamtsystem bewertet und niemals – wie in der → Kosten-Welt – aufgrund ihrer Wirkung für ein Systemteil.

Effekt (auch: Symptom)

Entität, die die Auswirkung einer oder mehrerer Ursachen darstellt. → Erwünschter Effekt → Unerwünschter Effekt

Effektivität

Die Effektivität ist das Maß, zu dem ein System die Arbeit verrichtet, die erforderlich ist – und nicht mehr. Die Effektivität wird in Bestands-Euro-Tagen gemessen.

Effizienz

Kennzahl (in Prozent), die den aktuellen Output ins Verhältnis zum erwarteten Output setzt. Sie misst nicht das Verhältnis Output zu Input.

Engpass

Einrichtung, Abteilung, Funktion oder Ressource, deren Kapazität, wenn sie sinnvoll geplant wird, kleiner oder genauso groß ist wie die Nachfrage danach im vergleichbaren Zeitraum.

Engpassfaktor

→ Begrenzender Faktor

Erwünschter Effekt (EE)

Eine positive, gewollte, erwünschte Wirkung bzw. Ergebnis. Das Gegenteil ist ein → unerwünschter Effekt (UE). EE erscheinen im Zukunftsbaum, wo sie als das genaue Gegenteil von UE des Gegenwartsbaumes formuliert sind oder als Bedingungen, die deutlich machen, dass die UE nicht mehr existieren. Beispiel für einen UE: Die Projektlaufzeiten sind zu lang. Beispiel für einen EE: Die Projektlaufzeiten sind deutlich kürzer als die des Wettbewerbs.

Feedback-Schleife

Eine geschlossene Verbindung von Kausalitäts-Verknüpfungen, die eine positive (für das Unternehmen und dessen Zielerreichung nützliche) oder negative (für das Unternehmen und dessen Zielerreichung schädliche) Verstärkung von Bedingungen oder Verhaltensweisen erzeugt. Die positive Feedback-Schleife wird auch „positive Verstärkung" genannt und findet sich typischerweise im Zukunftsbaum des Systems. Die negative Feedback-Schleife wird auch → „negative Endlosschleife" oder „Teufelskreis" genannt und findet sich typischerweise im Gegenwartsbaum des Systems. Aufgrund der entscheidenden Wirkung auf das System ist es wichtig, die Feedback-Schleifen zu finden und zu berücksichtigen.

Fünf Fokus-Schritte (FFS)

Kontinuierlicher Prozess zur Verbesserung des Profits, in dem das Produktionssystem und das Marktangebot ausgewertet werden. Auf dieser Basis entscheidet man dann, wie man am besten „Geld macht", während man den Engpass des Systems nutzt. Die Schritte sind:

1. Identifiziere den Engpass – Identifizieren
2. Entscheide, wie der Engpass optimal ausgenutzt werden soll – Ausnutzen
3. Ordne alles andere der Engpassnutzung unter – Unterordnen
4. Erweitere den Engpass – Erweitern
5. Wiederhole die Schritte, sofern sich der Engpass verschoben hat; lasse keine Trägheit zu – Wiederholen

Viele andere Ansätze der ständigen Verbesserung fordern, dass alles im Unternehmen ständig verbessert werden muss. Der Verbesserungsansatz der → ToC dagegen fokussiert die Aufmerksamkeit und Energie auf einen Punkt: den Punkt der größtmöglichen Einflussnahme, den Engpass des Systems.

Gegenwartsbaum (GB)

Einer der ToC-Denkprozesse, die auf der Sufficient-Cause-Logik basieren. Der GB wird genutzt, um die erste Phase im → Veränderungsprozess zu durchlaufen und die Frage „Was soll geändert werden?“ zu beantworten. Der GB wird eingesetzt, wenn nicht klar ist, was das System daran hindert, einen oder mehrere der fünf Fokus-Schritte konsequent zu durchlaufen und entsprechend zu handeln, oder wenn es schwierig ist, Zustimmung und Mitwirkung des Managements für erforderliche bzw. vorgeschlagene Veränderungen zu erlangen.

Der GB zeigt die Wenn-dann-Beziehungen zwischen dem Kernproblem und den unerwünschten Effekten (UE) des Systems. So kann ein klarer Zusammenhang zwischen dem Kernproblem und den einzelnen UE her- und dargestellt werden.

Hindernis (auch: Stolperstein)

Bedingung oder Reaktion, die die erfolgreiche Realisierung einer Injektion oder die Zielerreichung verhindert. Hindernisse werden bei der Planung für die Realisierung einer Injektion identifiziert und sind Gegenstand der Schicht 5 der → „Schichten des Widerstands gegen Veränderung“. Werden die Hindernisse nicht systematisch bearbeitet und überwunden, kann das Ziel nicht erreicht werden. Das zutreffende Tool der → ToC-Denkprozesse ist der Voraussetzungsbaum. Im Prozess der Bearbeitung werden Zwischenziele definiert, die erst erreicht sein müssen, bevor die Hindernisse überwunden werden können.

Injektion

(1) In einem Zukunftsbaum sind Injektionen die Elemente, die eine noch nicht in der Realität existierende Bedingung beschreiben, die wiederum eine erfreulichere Zukunft des Systems verursachen werden.

(2) In einer Dilemma-Wolke ist die Injektion das Element, durch das der Konflikt aufgelöst werden kann. Die Injektion ist eine Be-

dingung, die eine oder mehrere der Annahmen, die dem Konflikt zugrunde liegen, ungültig macht und dadurch den Konflikt auflöst.

Um eine Injektion formulieren zu können, ist es nicht erforderlich, auch schon sagen zu können, wie diese Injektion realisierbar ist.

Kosten-Welt

Sichtweise bzw. das Paradigma, dass ein System aus einer Reihe unabhängiger Variablen (Teilsysteme) besteht, die jede für sich ein unabhängiger Kosten-Treiber sind. Aufgrund dieser Sichtweise werden Entscheidungen und Handlungen in ihrer lokalen Wirkung betrachtet. Um wiederum lokale Wirkungen auf Kosten betrachten zu können, wird die Kostenrechnung bzw. die Umlage von Kosten genutzt. Diese Sichtweise steht im Gegensatz bzw. Konflikt zum Paradigma der Durchsatz-Welt.

Kritische Kette (KK)

Im Critical-Chain-Projektmanagement ist dies die längste Kette voneinander abhängiger Aufgaben; wobei Aufgaben dadurch voneinander abhängig sein können, dass

- eine Aufgabe ihr Zwischenergebnis geliefert haben muss, weil eine andere Aufgabe dieses Zwischenergebnis benötigt, um selbst mit der Arbeit beginnen zu können. In diesem Fall sind die Aufgaben inhaltlich voneinander abhängig.
- eine Ressource erst dann mit einer Aufgabe beginnen kann, wenn sie eine andere Aufgabe, die sie ebenfalls umsetzen muss, abgeschlossen hat. In diesem Fall sind die Aufgaben in Bezug auf die Ressourcen voneinander abhängig.

Die kritische Kette ist der Engpass des Projektes. Die Länge der kritischen Kette plus Länge des Projektpuffers ergeben die Projektlaufzeit.

Wenn die Abhängigkeit in Bezug auf die Ressourcen nicht zu einer Verlängerung des Projektes führt, sind kritische Kette und → kritischer Pfad identisch.

Kritischer Pfad

Im Projektmanagement die längste Folge sachlich voneinander abhängiger Aufgaben. Der kritische Pfad bestimmt die Projektlaufzeit. Der sogenannte „ressourcennivellierte kritische Pfad" berücksichtigt die Ressourcenbelastung, jedoch ohne den kritischen Pfad dadurch selbst zu verändern.

Lokale Effizienz

Versuch, das Unternehmen durch den Einsatz von lokalen Effizienzmessgrößen zur Zielerreichung zu führen. Wenn lokale Effizienzen die dominanten Messgrößen sind, führt dies jedoch zu lokaler Optimierung und damit zu einer Verschlechterung der Situation des Unternehmens.

Marketing

Funktion im Unternehmen, die dafür sorgt, dass das Unternehmen die Produkte, Leistungen und Angebote hat, die für die Kunden so interessant sind, dass diese „vor der Tür stehen" und Aufträge an das Unternehmen vergeben wollen.

Matrixorganisation

Organisationsform, in der Ressourcen mehreren Organisationseinheiten zugeordnet sind. Typisch für Multiprojektunternehmen, in denen Mitarbeiter sowohl zu einer Abteilung gehören als auch in Projekten eingesetzt werden. Der Abteilungsleiter hat für die bestmögliche Auslastung der Mitarbeiter zu sorgen, der Projektleiter für die Zielerreichung des Projektes. Aus diesen beiden Aufgabenstellungen ergeben sich Konfliktsituationen, die die Produktivität des Unternehmens negativ beeinflussen können.

Meilenstein

→ Zwischenziel

Multitasking, schädliches (SM)

Angewohnheit, eine Aufgabe zugunsten einer anderen Aufgabe zu unterbrechen. Schädliches Multitasking entsteht, wenn durch dieses

Verhalten die Projekte verlangsamt und die bestmögliche Ausnutzung des Engpasses behindert werden. Oft wird hierfür auch der Begriff „negatives Multitasking“ verwendet.

Negative Endlosschleife

→ Feedback-Schleife

Paradigma

Grundannahme oder Glaubenssatz; eEine Annahme darüber, wie ein System funktioniert oder zu steuern ist. Beispiel: Das Paradigma der lokalen Optimierung geht davon aus, dass ein Gesamtsystem sich automatisch verbessert, wenn einzelne Teilsysteme verbessert werden. Das Paradigma bildet sich in den verschiedenen Regeln, Mechanismen, Verfahren und Kennzahlen der Organisation und im Verhalten der Menschen ab.

Paradigmenwechsel

Veränderung einer grundsätzlichen Annahme über die Funktionsweise eines Systems sowie aller mit dem Paradigma verbundenen Handlungsweisen, Regeln, Verfahren und Kennzahlen; grundlegende Umgestaltung einer Organisation.

Parkinson's Law

Erscheinung, dass die für eine Arbeit zur Verfügung stehende Zeit selten unterschritten wird, weil die Unterschreitung i. d. R. negative Auswirkungen für die Betroffenen hätte, wie z. B. die Kürzung zukünftiger Zeitschätzungen und Vorgabezeiten.

Pilotprojekt

Die Einführung von Critical-Chain-Projektmanagement im Rahmen eines Pilotprojekts ist ein schon oft probierter, aber meist gescheiterter Versuch, CCPM „auszuprobieren“. Da CCPM mit einem Paradigmenwechsel verbunden ist und die meisten Organisationen Multiprojektorganisationen sind, entsteht bei einem entsprechenden Pilotprojekt zwangsläufig ein tiefgreifender Paradigmenkonflikt, den die Organisation normalerweise nicht bewältigen kann.

Projekte staffeln

Bestandteil der Drum-Buffer-Rope-Lösung für das Multiprojektmanagement, in der die Projekte so hintereinander gestaffelt werden, dass eine optimale Ausnutzung und multitasking-freie Arbeit der Engpass-/Drum-Ressource möglich ist.

Projektkostenrechnung

Praxis, den Projekten kalkulatorische Kosten zuzuordnen, um dadurch die Profitabilität von Projekten in der Planung und auch während bzw. nach der Realisierung zu ermitteln und daraus Entscheidungen abzuleiten.

Projektportfolio

Summe aller Projekte, die in einem Zeitraum parallel in einer Organisation umgesetzt werden und deren Umsetzung geplant ist.

Projekt-Risikofonds

„Globaler" Finanzpuffer für unternehmensübergreifende Projekte; er wird genutzt für:

- unvorhergesehene Kosten;
- Fehler;
- Auszahlung von Incentives an alle Beteiligten bei rechtzeitiger Fertigstellung des Projektes.

Pull-Prinzip

Prinzip, vom Ende einer Kette aus zu planen und zu steuern, statt vom Beginn einer Kette; im Projektmanagement ist damit die Planung des Projektes mit Hilfe des Voraussetzungsbaumes gemeint.

Ressource

Sammelbegriff für Mitarbeiter, Anlagen, Einrichtungen

Schichten des Widerstands gegen Veränderung

Die Schichten des Widerstandes gegen Veränderung beschreiben, in welcher Reihenfolge unterschiedliche Arten von „Widerständen" in einem Veränderungsprozess auftreten. Aus Sicht der → ToC sind diese Widerstände zumeist berechtigt und daher methodisch zu bearbeiten, um (1) die Lösung und den Weg der Veränderung zu verbessern und (2) alle Betroffenen in den Veränderungsprozess einzubeziehen, sie zu Beteiligten und Mitgestaltern zu machen.

- Schicht 1: fehlende Übereinstimmung (Einigkeit und Verständnis) hinsichtlich des Problems;
- Schicht 2: fehlende Übereinstimmung (Einigkeit und Verständnis) hinsichtlich der Lösungsrichtung;
- Schicht 3: fehlende Übereinstimmung, dass die Lösung die Schwierigkeiten tatsächlich beseitigen wird;
- Schicht 4: Befürchtung, dass die Lösung zu neuen unerwünschten Nebeneffekten führt;
- Schicht 5: fehlende Klarheit darüber, wie die Stolpersteine auf dem Weg zur Umsetzung der Lösung überwunden werden können;
- Schicht 6: fehlende Mitwirkung trotz erfolgter Zustimmung.

Sicherheiten

Projekte sind dadurch gekennzeichnet, dass sie nicht im Detail planbar und vorhersagbar sind. Daher sind Sicherheiten erforderlich. Diese Sicherheiten können in den einzelnen Projektschritten verborgen sein oder – wie im Critical-Chain-Projektmanagement – explizit und global angelegt sein.

Projektpuffer

Der Projektpuffer wird nach dem letzten Bearbeitungsschritt auf der kritischen Kette eingefügt. Er kann von allen Ressourcen genutzt werden. Der Projektpuffer entspricht einem Drittel der gesamten Projektlaufzeit.

SOP

→ Start of Production

Staffelläuferprinzip

Arbeitsprinzip, das besagt:

- Wenn Arbeit da ist, erledige sie so schnell wie möglich.
- Wenn keine Arbeit da ist, stehe still und bereite Dich auf die nächste Arbeit vor.

Es steht im Gegensatz zum Prinzip „Jeder muss ständig beschäftigt sein", das in der Verwendung von lokalen Effizienzen als dominante Messgrößen zum Ausdruck kommt.

Start of Production (SOP)

Zeitpunkt, zu dem die Produktion eines neuen Produktes beginnt. Der SOP ist in Entwicklungs- und Markteinführungsprojekten ein zentraler Meilenstein.

Stolperstein

→ Hindernis

Strategie

Richtung, in die das Unternehmen sich entwickeln soll. Eine schlüssige Unternehmensstrategie muss zeigen, wie – heute und in Zukunft – die folgenden Anforderungen erfüllt werden:

- Geld verdienen
- Mitarbeitern sichere Arbeitsplätze bieten
- Märkte zufrieden stellen

Studentensyndrom

Verhalten, den Beginn eine Aufgabe so lang hinauszuzögern, bis die – bewusst oder unbewusst – für die Aufgabe eingeplante Sicherheit verbraucht ist. Die Folge dieses Verhaltens ist, dass Aufgaben so gut wie nie vorzeitig abgeschlossen werden. Stattdessen ist die Wahrscheinlichkeit groß, dass die Aufgabe verspätet fertig wird oder dass – bei rechtzeitigem Abschluss – qualitative Mängel entstehen.

Supply Chain

Lieferkette → Critical Supply Chain

Symptom

→ Effekt

Theory of Constraints (ToC)

Unternehmensphilosophie, die von Dr. Eliyahu M. Goldratt entwickelt wurde. Sie stellt sich in drei einzelnen, aber in Wechselbeziehung zueinander stehenden Gebieten dar – Logistik, Leistungskennzahlen und strenger Logik. (Wenig genutzte) Übersetzungen: Theorie der Einschränkungen, Theorie der Engpässe oder Beschränkungen

Umsetzungsbaum (UB)

Logik-basiertes Tool zur Identifizierung und Sortierung der Tätigkeiten beim Verwirklichen eines Zieles; es verdeutlicht die Stufen auf dem Weg von der Ist-Situation zum gewünschten Ziel.

Unerwünschter Effekt (UE)

Entität im Gegenwartsbaum des Systems, die als negativ betrachtet wird und an der deutlich wird, dass das System seine Ziele nicht vollständig erreicht oder wesentliche Bedingungen dazu fehlen.

Unwiderstehliches Angebot (UWA)

Angebot der Zusammenarbeit an Kunden, das auf den bis dahin ungelösten und unlösbar erscheinenden Problemen der Kunden in diesem Geschäftsumfeld basiert und daher als unwiderstehlich erscheint. Das UWA setzt eine rigorose Analyse des Marktes und der Schwierigkeiten der Kunden in diesem Markt voraus.

Verkettung von Aufgaben

Tatsache, dass innerhalb eines Projektes Aufgaben bzw. Projektschritte voneinander abhängig sind; zum einen durch die sachliche Abhängigkeit, zum anderen dadurch, dass mehrere Aufgaben von derselben Ressource bearbeitet werden.

Vertrieb

Funktion im Unternehmen, die dafür sorgt, dass aus Kundenanfragen Aufträge werden.

Vorbehalt der negativen Nebenwirkung (VNN)

Vorbehalt, dass eine Injektion neben ihren positiven Wirkungen auch neue unerwünschte Effekte (UE) erzeugen wird. Dieser Vorbehalt entspricht der Schicht 4 der → Schichten des Widerstands gegen Veränderung. Im → Zukunftsbaum erscheint die negative Nebenwirkung als sogenannter negativer Ast. Die negative Nebenwirkung erfordert i. d. R. eine neue, zusätzliche Injektion, die die negative Nebenwirkung verhindert und oft sogar insgesamt bessere Ergebnisse erzeugt.

Widerstände gegen Veränderung

Die von einer Veränderung betroffenen Menschen haben Widerstände gegen Veränderungen, wenn die geplante Veränderung für sie von Nachteil ist oder sie den eindeutigen Vorteil nicht erkennen können. Die → Theory of Constraints betrachtet diese Widerstände als berechtigt und sagt, dass es nahezu immer eine Win-win-Lösung gibt, die jedoch nicht gefunden werden kann, wenn die Widerstände nicht geäußert und bearbeitet werden. → Schichten des Widerstands gegen Veränderung

Voraussetzungsbaum (VB)

Tool der ToC-Denkprozesse, das auf der Necessary-Cause-Logik basiert und die dritte Frage im Veränderungsprozess „Wie soll die Veränderung verursacht werden?“ bearbeitet. Die Absicht des VB ist es, die Beziehungen zwischen

- den Hindernissen (Stolpersteinen), die bei der Umsetzung einer Lösung (Injektion) bzw. bei der Realisierung einer Strategie auftauchen, und
- den Zwischenzielen, die erreicht werden müssen, um die Hindernisse zu überwinden,

zu erkennen. Außerdem soll damit die Reihenfolge/Abhängigkeit, in der die Zwischenziele erreicht sein müssen, um die Lösung erfolgreich zu implementieren, aufgezeigt werden.

Der VB wird so gelesen: „Um [das, was an der Pfeilspitze steht] zu haben/bekommen/erreichen, müssen wir (vorher) [das, was am Pfeilende steht; ein Zwischenziel] haben/bekommen/erreicht haben, weil [das Hindernis]."

Mit einem VB kann die Reihenfolge der Aktivitäten festgelegt werden, die erforderlich sind, um ein anspruchsvolles Ziel zu erreichen.

Zukunftsbaum (ZB)

Logik-basiertes Tool für Konstruktion und Test potentieller Lösungen vor der Implementierung. Die Ziele sind:

- Lösung entwickeln, ausformulieren und vervollständigen;
- Identifizieren und Lösen bzw. Vermeiden neuer Probleme, die durch die Implementierung der Lösung entstehen.

Der Zukunftsbaum stellt die Ursache-Wirkungs-Beziehungen dar zwischen einer → Injektion (Problemlösung) und den dadurch entstehenden positiven Auswirkungen sowie auch möglicherweise negativen Auswirkungen (negative Nebenwirkungen).

Zulieferkette

Folge von Aufgaben, die nicht Bestandteil der kritischen Kette sind, jedoch in diese einmünden. Die Zulieferkette ist der kritischen Kette durch den Zwischenpuffer untergeordnet.

Zulieferpuffer

Die kritische Kette wird durch Zulieferpuffer geschützt. Die Zulieferpfade haben nach ihrem letzten Bearbeitungsschritt einen Zulieferpuffer, der einem Drittel der Laufzeit des Zulieferpfades entspricht.

Zwischenziel (ZZ)

Meilensteine/Deliverables, die zwingend erreicht bzw. vorhanden sein müssen, um ein übergeordnetes Ziel erreichen zu können. Zwischenziele sind Entitäten im Voraussetzungsbaum und im Umsetzungsbaum, wo sie in Zusammenhang mit Hindernissen gesehen werden, die zu überwinden sind, bevor das Ziel erreicht werden kann.

Stichwortverzeichnis

Die Autoren

Holger Lörz

ist Unternehmer, seit 1999 Vorstand der Excellence Alliance AG und unterstützt die Zukunftssicherung von Unternehmen. Zuvor war Holger Lörz Inhaber einer Marketing Agentur und führte für namhafte Hersteller wie Procter & Gamble und Philipps innovative Produkte ein. Als Senior Consultant und Geschäftsführer der Staufen Akademie hat Holger Lörz sein Berater-Know-How aufgebaut. Er unterrichtet an der University of Cooperative Education in Stuttgart und ist Mitglied der Goldratt Implementation Group, welche die „Theory of Constraints" in Europa vorantreibt.

Uwe Techt

ist Unternehmensberater der Syracom AG und seit über 15 Jahren in Industrieunternehmen und in Organisationen des öffentlichen Sektors tätig. Außerdem ist er Initiator des „Deutschen Projektmanagement Award", der seit 1997 an Projekte vergeben wird, die herausragende Leistungen durch exzellentes Management erbringen. Hier ist er Mitglied im Beirat und Autor des IPMA-Modells für Project Excellence (International Project Management Association). Uwe Techt ist zudem ein Certified TOC-Practitioner der TOCICO (Theory of Constraints International Certification Organization).

Feedback erwünscht!

Haben Sie Fragen, Anregungen und Feedback zu diesem Buch?
Sie erreichen die Autoren unter holger.loerz@ex-all.com bzw. uwe.techt@toc4u.de.

Danksagung

Danken möchten wir unseren Freunden und Geschäftspartnern, die mit ihren kritischen Rückmeldungen zu den einzelnen Kapiteln viele wertvolle Anregungen gegeben haben. Ein besonderer Dank geht an Brigitte Lörz als kritische Erstleserin aller Kapitel, an Claudia Simon für die Bildbearbeitung und zahlreichen Korrekturen und an Oliver Steeger für die exzellenten journalistischen Hinweise und das Coaching.